高校数学の
美しい物語

マスオ 著

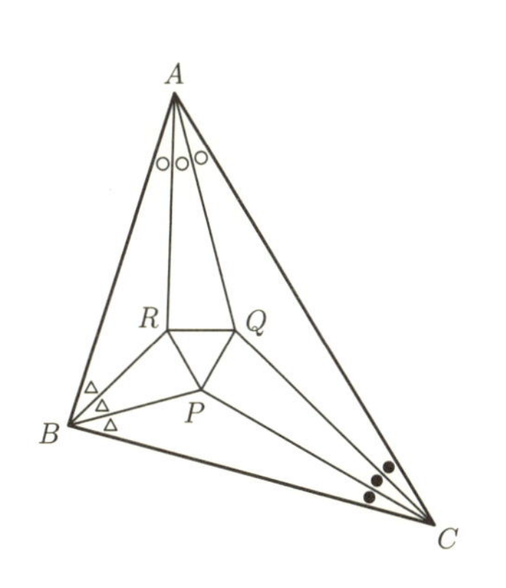

SB Creative

第4章 身近な話題の中に潜む，美しい定理や公式

第5章 難解な定理・公式も，本質が見えるとおもしろい

第2章 教科書にある公式たちへのちょっと違ったアプローチ

第3章 エレガントな証明，地道な証明，どちらがお好き？

目次　高校数学の美しい物語

第 4 章では身近な話題の中に潜むさまざまな数学を扱います。

第 5 章では高校数学の範囲で理解できる美しい話題の中でも，かなり難しいものを集めました。理解できたときの感動はひとしおでしょう。

高校生の受験対策としてはもちろんですが，授業中の雑談ネタを探している高校の先生，趣味として数学を楽しみたい人など，数学を志す全ての方にお勧めです。

この本を通じて，一人でも多くの人に数学の美しさに感動してほしいと願っています。

2015 年 12 月

マスオ

＊目次やそれぞれの項目のタイトルの後についている ☆ や ☽ は，以下のような難易度の目安を示したものです。

☽ ………………… 主に中学数学までの知識で理解できるもの
☆ ………………… 易
☆☆ ……………… 少し易
☆☆☆ …………… 普通
☆☆☆☆………… 難
☆☆☆☆☆……… 激難

また，本文中での（→ p.67, ⑮）といった参照は，p.67 の⑮節を表しています。

（編集部）

はじめに

Web サイト「高校数学の美しい物語」は美しい数学の定理をより多くの人に知ってもらいたい，という気持ちから 2014 年 1 月に開設しました。2015 年 12 月現在，大学数学の内容も含め，記事数は 750 を突破し，月間 150 万 PV のサイトにまで成長しています。その「高校数学の美しい物語」の記事の中から人気の高いものを 60 項目精選し，本のスタイルに合うように加筆・修正した上でテーマごとにまとめました。60 のタイトルはそれぞれほぼ独立しており，興味があるものから読み進めることができます。

大学入試に役立つものもたくさんありますが，「入試対策」という制約にとらわれず，幅広いテーマを扱いました。高校数学の魅力，奥深さを実感できる内容になっています。

ほとんどの部分は数学 II までの知識で理解できるようになっています。4 色定理やラムゼー問題など「高校数学では習わないが，読み進めるのに必要な前提知識としては中学数学で十分」というものも多く含まれています。

第 0 章は問題集です。興味深い問題を 56 題載せました。これらの問題は後の章を読めば解けるようになるもので，ちょっとした時間に友達に出題したくなるようなシンプルなものを多く選びました。

第 1 章は三平方の定理の証明や正五角形の作図など，中学数学の範囲で楽しめる美しい話題を集めました。

第 2 章では三角不等式や余弦定理など教科書で扱う基本的な公式について深く考察します。

第 3 章では 1 つの定理に対する複数の証明を考えます。複数の証明方法の比較を行うことで，証明の「美しさ」や「自然さ」の理解を目指します。

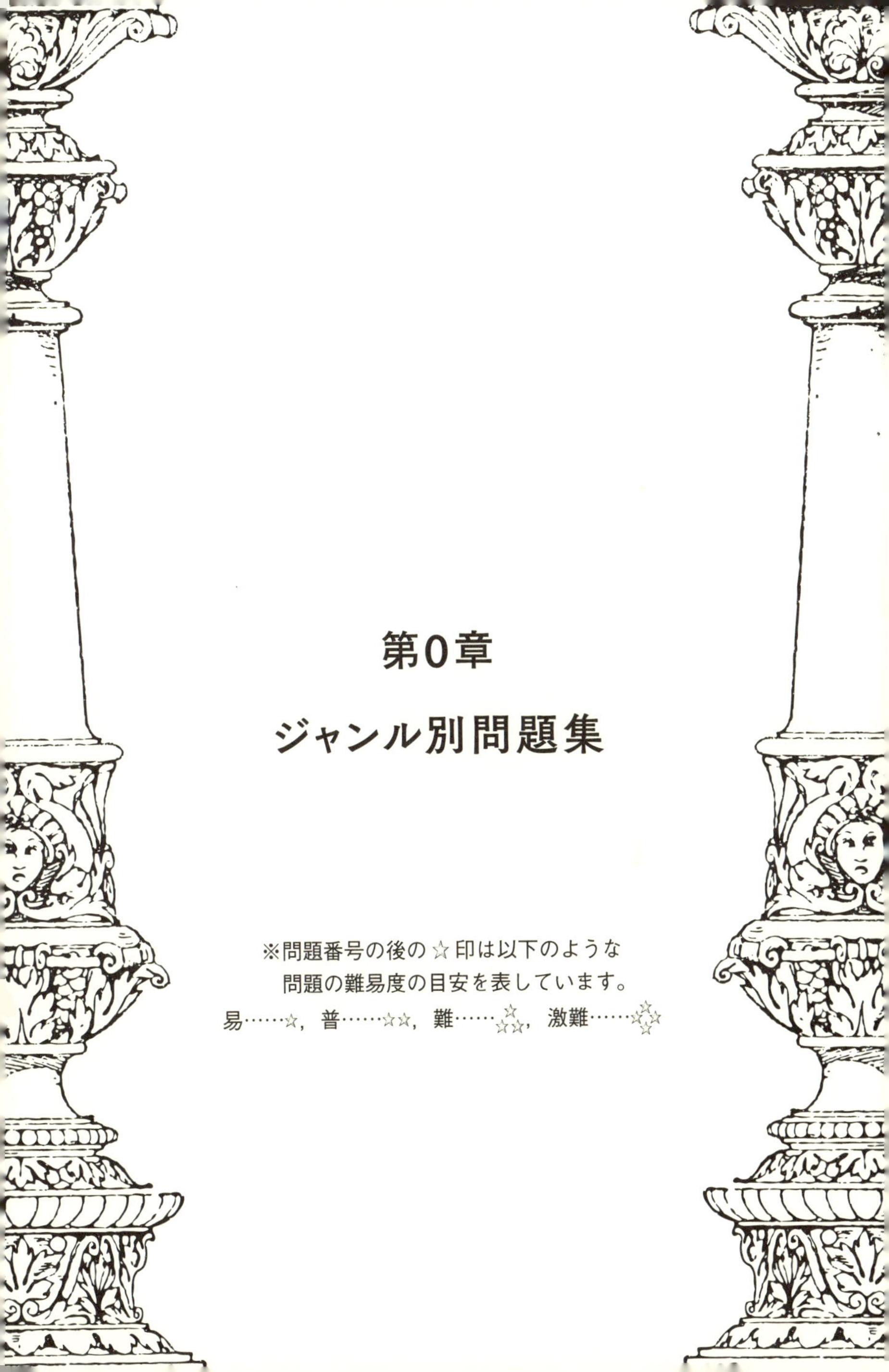

第0章

ジャンル別問題集

※問題番号の後の☆印は以下のような
問題の難易度の目安を表しています。
易……☆，普……☆☆，難……☆☆☆，激難……☆☆☆☆

◆代数

☆ **01** 2次方程式 $ax^2+bx+c=0$ $(a\neq 0)$ の解が

$$x=\frac{-b\pm\sqrt{b^2-4ac}}{2a}$$

となることを証明せよ。

【⇒⓪①(p.14)】

☆ **02** $\sqrt{44+2\sqrt{420}}$ の二重根号を外せ。

【⇒⓪⑧(p.38)】

☆☆ **03** (1) $\dfrac{1}{(x-2)(x-5)}$ を部分分数分解せよ。

(2) $\dfrac{5}{(2x-1)(2-x)}$ を部分分数分解せよ。

【⇒⑯(p.71)】

☆☆☆ **04** 実数を係数とする n 次方程式の複素数解の1つを z とするとき，その共役複素数 $\bar{z}$ も解であることを証明せよ。

【⇒⑱(p.78)】

☆ **05** 任意の複素数 z_1, z_2 に対して，

$$|z_1+z_2| \leqq |z_1|+|z_2|$$

が成立することを証明せよ。

【⇒㉑(p.89)】

☆☆ **06** $x+y=1, xy=-1$ のとき，

$$T_7=x^7+y^7$$

の値を求めよ。

【⇒㉒(p.93)】

☆☆ **07** 不等式

$$a^2+b^2+c^2 \geqq ab+bc+ca$$

を2通り以上の方法で証明せよ。

【⇒㉛(p.131)】

☆☆ **08** $a, b, c > 0$ のとき,

$$\frac{a}{b+c}+\frac{b}{c+a}+\frac{c}{a+b} \geqq \frac{3}{2}$$

が成立することを証明せよ。

【⇒㉜(p.134)】

☆☆☆ **09** 3 次方程式：$x^3+3x^2+x+1=0$ を解け。

【⇒54(p.222)】

◆整数

☆☆ **10** 「約数の個数が奇数 $\Longleftrightarrow$ 平方数」を証明せよ。

【⇒06(p.32)】

☆☆ **11** $\sqrt{2}$ が無理数であることを背理法を用いずに証明せよ。

【⇒07(p.35)】

☆☆ **12** 任意の正の整数 n に対して 13^n-8^n が 5 の倍数であることを説明せよ。

【⇒⑰(p.75)】

☆☆ **13** $3x+5y=2$ を満たす整数 x, y を求めよ。

【⇒㉓(p.97)】

☆☆☆ **14** 素数が無限にあることを証明せよ。

【⇒㉟(p.147)】

☆☆☆ **15** 素数の間隔に最大値がない（上限がない）ことを証明せよ。

【⇒㊱(p.150)】

☆☆☆ **16** 相異なる正の整数 m, n に対して $2^{2^m}+1$ と $2^{2^n}+1$ が互いに素であることを証明せよ。

【⇒55(p.226)】

◆図形

☆☆ **17** 3 辺の長さが a, b, c である三角形の面積を S, 内接円の半径を r と

おくと

$$S=\frac{1}{2}ab=\frac{1}{2}r(a+b+c)$$

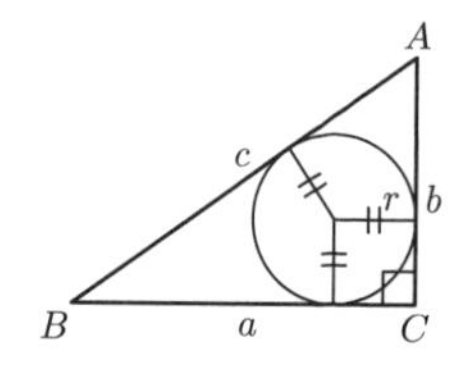

が成立する。これを用いて三平方の定理を証明せよ。

【⇒⑫(p.17)】

☆☆ **18**　三角形 ABC において各頂点から対辺に下ろした３本の垂線は１点で交わることを証明せよ。

【⇒⑬(p.21)】

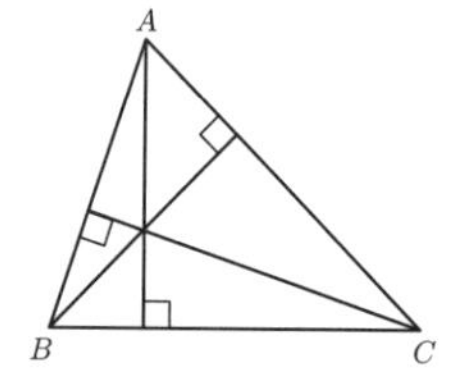

☆ **19**　三角形 ABC において，辺 BC の中点を M とおくとき，

$$AB^2+AC^2=2(AM^2+BM^2)$$

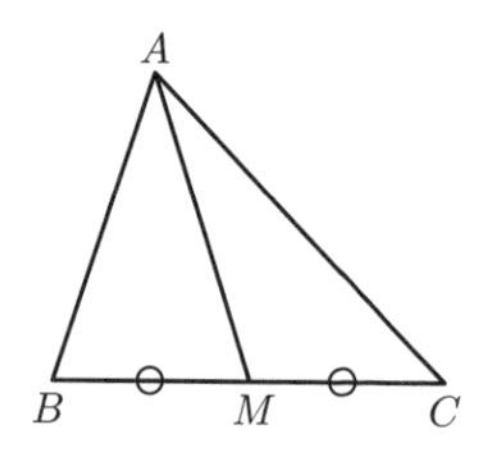

を証明せよ。

【⇒⑭(p.25)】

☆☆ **20**　１辺の長さが１の正五角形の対角線の長さを求めよ。

【⇒⑮(p.29)】

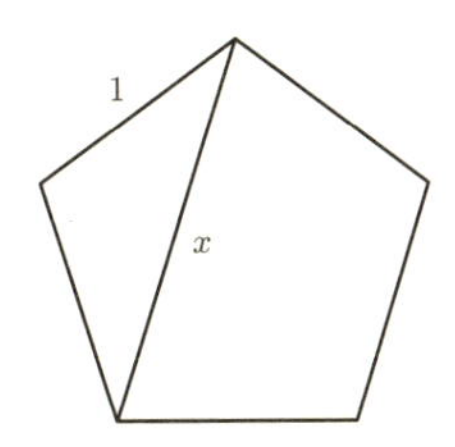

☆☆☆ **21** 正多面体の正確な定義を述べよ。

【⇒⑩(p.46)】

☆☆ **22** 3辺の長さが$\sqrt{5}, \sqrt{7}, 3$であるような三角形の面積を求めよ。

【⇒⑬(p.59)】

☆☆☆ **23** ベクトルの内積の定義を示し，その定義から余弦定理を証明せよ。

【⇒⑳(p.85)】

☆ **24** 3辺の長さがa, b, c，外接円の半径がRの三角形の面積Sが

$$S = \frac{abc}{4R}$$

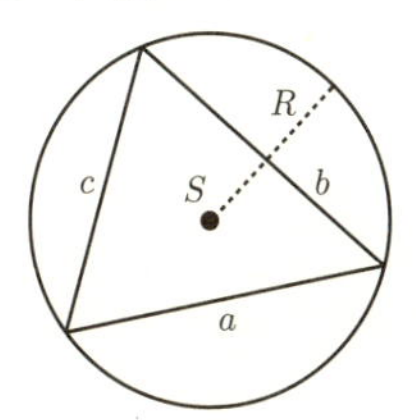

と等しいことを証明せよ。

【⇒㉔(p.100)】

☆☆ **25** 点$A(x_0, y_0)$と直線$l : ax + by + c = 0$の距離dが

$$d = \frac{|ax_0 + by_0 + c|}{\sqrt{a^2 + b^2}}$$

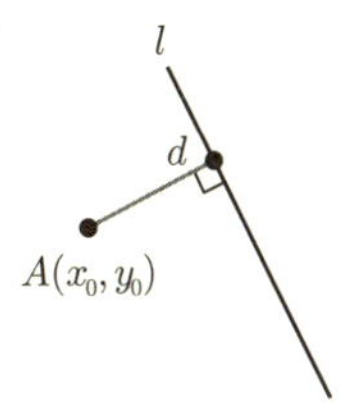

であることを証明せよ。

【⇒㉕(p.104)】

☆☆ **26**　3点 $A(1,1,2)$, $B(0,-2,1)$, $C(3,-1,0)$ を通る平面の方程式を求めよ。

【⇒㉖(p.109)】

☆ **27**　2直線 $\sqrt{3}x-y=0$ と $(2-\sqrt{3})x-y=0$ のなす角 θ を求めよ。

【⇒㉗(p.113)】

☆☆ **28**　右下の図において,

$$\frac{AD}{DB}\cdot\frac{BE}{EC}\cdot\frac{CF}{FA}=1$$

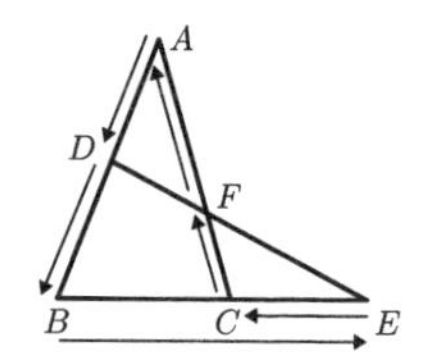

が成立することを用いて以下を証明せよ：

三角形 ABC とその内部の点 P に対して, AP と BC の交点を D,BP と CA の交点を E,CP と AB の交点を F とおく（下図）とき,

$$\frac{AF}{FB}\cdot\frac{BD}{DC}\cdot\frac{CE}{EA}=1$$

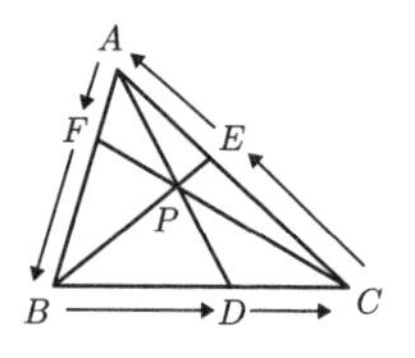

【⇒㉘(p.118)】

☆☆☆ **29**　円に内接する四角形 $ABCD$ において,

$$AB\times CD+AD\times BC=AC\times BD$$

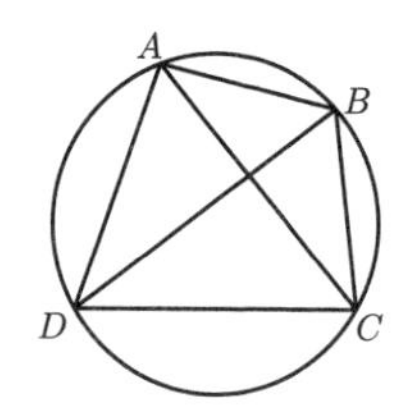

を証明せよ。

【⇒㉙(p.122)】

☆☆☆ **30**　四角形 $ABCD$ において,

$$AB \times CD + AD \times BC \geqq AC \times BD$$

を証明せよ。

【⇒㉚(p.127)】

☆☆☆ **31** 円周率が 3.05 より大きいことを証明せよ。

（2003 年・東京大学入試問題）【⇒㉝(p.138)】

☆☆ **32** $\angle AOB, \angle BOC, \angle COA$ が直角である四面体 $OABC$ において，

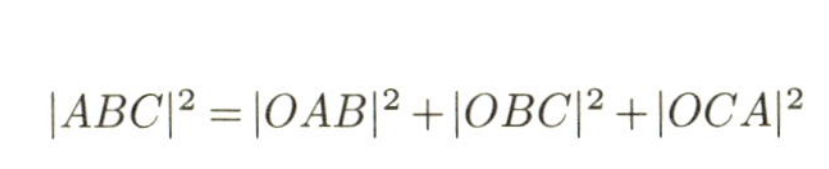

$$|ABC|^2 = |OAB|^2 + |OBC|^2 + |OCA|^2$$

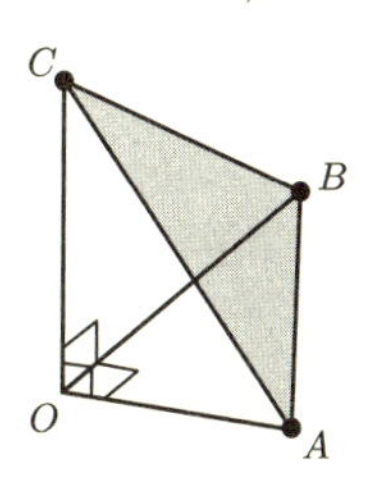

を証明せよ。ただし $|ABC|$ は三角形 ABC の面積を表す。

【⇒㉞(p.143)】

☆☆☆ **33** 座標空間上の 4 点 $O(0,0,0), A(x_1, y_1, z_1), B(x_2, y_2, z_2), C(x_3, y_3, z_3)$ について，四面体 $OABC$ の体積を求めよ。

【⇒㊽(p.198)】

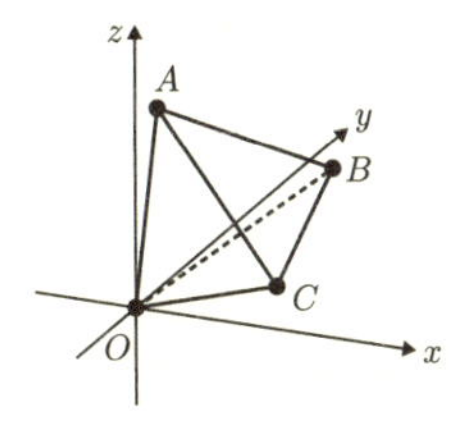

☆☆☆ **34** 鋭角三角形 ABC について，$AP+BP+CP$ を最小にするような点 P はどのような点か？

【⇒52(p.213)】

☆☆☆☆ **35** 球面上の三角形の内角の和が 180° よりも大きい理由を説明せよ。

【⇒59(p.240)】

☆☆☆ **36** 三角形 ABC に対して，3 つの角の三等分線どうしが最初にぶつか

る点を P, Q, R とおくとき，三角形 PQR が正三角形であることを証明せよ。

【⇒ ⑥⓪(p.244)】

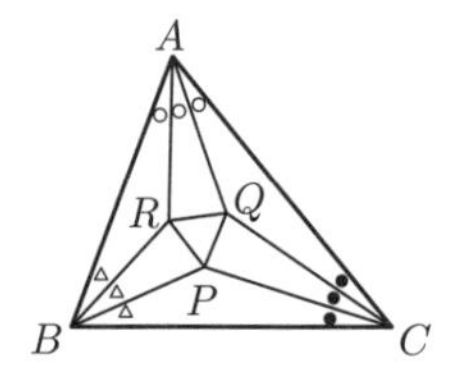

◆関数

☆ **37**　$\tan 15^\circ$ の値を求めよ。

【⇒ ⑫(p.56)】

☆ **38**　$y=f(x)$ のグラフを x 軸方向に a，y 軸方向に b だけ平行移動させたグラフの方程式は

$$y-b=f(x-a)$$

であることを説明せよ。

【⇒ ⑭(p.64)】

☆ **39**　$y=1+2\cdot 3^{x-1}$ のグラフを描け。

【⇒ ⑮(p.67)】

☆ **40**　$(1,0),(2,0),(0,2)$ を通る 2 次関数を求めよ。

【⇒ ⑲(p.81)】

☆☆ **41**　$\cos n\theta$ が $\cos\theta$ の n 次式で表せることを証明せよ。

【⇒ ㊽(p.198)】

☆☆☆ **42**　$\tan 1^\circ$ は有理数か。

（2006 年・京都大学入試問題）【⇒ ㊿(p.205)】

☆☆☆ **43**　$A+B+C=180^\circ$ のとき，

$$\sin A+\sin B+\sin C=4\cos\frac{A}{2}\cos\frac{B}{2}\cos\frac{C}{2}$$

であることを証明せよ。

【⇒ ㉛(p.208)】

☆☆ **44** 区間 $[0,1]$ 上で定義された関数 $f(x)$ を

$$f(x)=\begin{cases} 2x & \left(0 \leqq x \leqq \dfrac{1}{2}\right) \\ 2(1-x) & \left(\dfrac{1}{2} < x \leqq 1\right) \end{cases}$$

とおく。$0 \leqq a_1 \leqq 1$ を満たす実数 a_1 を初期値として数列 a_n を $a_n = f(a_{n-1})$ で定める。

(1) $f(b)=b$ を満たす，$0 \leqq b \leqq 1$ なる実数 b を全て求めよ。

(2) a_4 が (1) で求めた b の値の 1 つに等しくなるような初期値 a_1 を全て求めよ。

（2002 年・東京大学後期入試問題の一部）【⇒ ㊸(p.218)】

◆場合の数・確率

☆☆ **45** 下図の A から B に行く最短の道順は何通りあるか。

【⇒ ⓪⑨(p.42)】

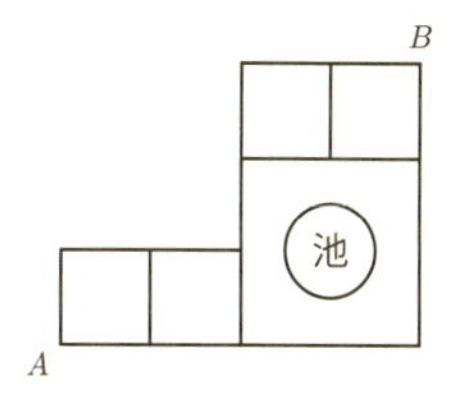

☆☆ **46** テトリスのブロック（正方形を 4 つつなげた図形，回転で重なるものは同じとみなす）は何種類あるか？

【⇒ ⑪(p.50)】

☆☆ **47** 5 種類の正多面体について，

「頂点の数－辺の数＋面の数＝2」

を確認せよ。

【⇒ ㊲(p.153)】

	頂点 (V)	辺 (E)	面 (F)	$V-E+F$
正四面体				
正六面体				
正八面体				
正十二面体				
正二十面体				

☆☆ **48**　10人でじゃんけんをしたときにあいこになる確率を計算せよ。

【⇒㊳(p.158)】

☆☆ **49**　23人のクラスについて，その中に同じ誕生日である2人組がいる確率は次のうちどれか予想せよ。

(ア) 50%以上，(イ) 25%以上50%未満，

(ウ) 5%以上25%未満，(エ) 5%未満

【⇒㊴(p.161)】

☆☆ **50**　X の所持金が1000円，Y の所持金が3000円である状態から2人でくり返し勝負を行う。各勝負において，どちらが勝つ確率も $\frac{1}{2}$ であり，勝った方が負けた方から100円もらう。どちらかの所持金が0円になったら終了する。終了したときに X の所持金が0円になっている確率を求めよ。

【⇒㊵(p.165)】

☆☆☆ **51**　任意の地図は5色で塗り分けられることを証明せよ。

【⇒㊺(p.185)】

☆☆☆ **52**　6人のメンバーを集めたときには「互いに知り合いである3人組」か「互いに知らない3人組」が必ず存在することを証明せよ。

【⇒㊻(p.189)】

☆ **53**　伸び縮みする手を3本持つ動物が4匹いるとき，立体交差することなく全員が全員と手をつなぐことはできるか？　手が4本の動物が5匹の場合はどうか？（5匹については ☆☆☆）

【⇒㊼(p.192)】

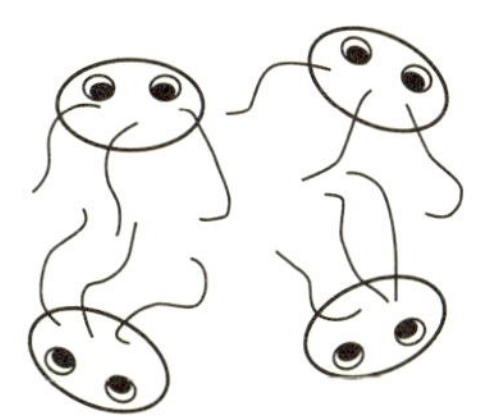

☆☆ **54** $\dfrac{{}_{2n}\mathrm{C}_n}{n+1} = {}_{2n}\mathrm{C}_n - {}_{2n}\mathrm{C}_{n-1}$ を証明せよ。

【⇒㊻(p.229)】

☆☆☆ **55** 壺に赤玉が1個，白球が2個入っている。その中から玉を1つ無作為に取り出し，選んだ玉を壺に戻した上で選んだ玉と同じ色の玉を1つ壺に加える。この試行を n 回くり返す。n 回目に赤玉が選ばれる確率を求めよ。

【⇒㊼(p.233)】

☆☆☆ **56** 10人をチームA，チームK，チームBに分ける場合の数を求めよ。ただし，各チーム最低1人はメンバーが属するものとする。

【⇒㊽(p.236)】

第１章

中学数学で楽しめる，美しい定理

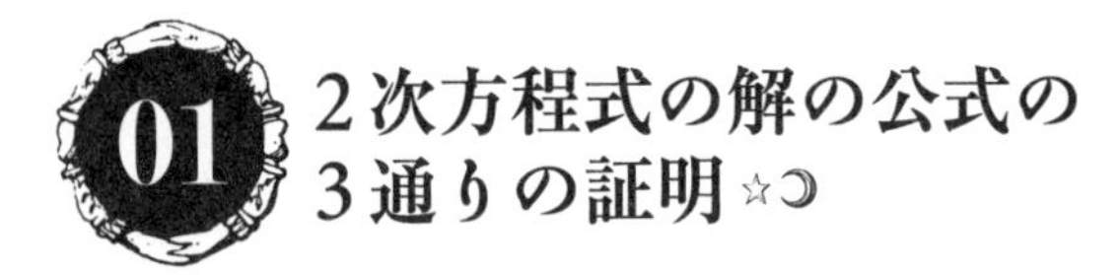

01 2次方程式の解の公式の3通りの証明☆☽

2次方程式の解の公式： $ax^2+bx+c=0\ (a\neq 0)$ の解は，

$$x=\frac{-b\pm\sqrt{b^2-4ac}}{2a}$$

中学校で習う非常に基本的で重要な公式です。この節では解の公式を3通りの方法で証明します。

平方完成による証明

まずは平方完成を用いた定番の証明です。

証明1

$ax^2+bx+c=0$ の左辺を平方完成していく：

$$a\left(x^2+\frac{b}{a}x\right)+c=0$$

$$a\left(x^2+\frac{b}{a}x+\frac{b^2}{4a^2}\right)-\frac{b^2}{4a}+c=0$$

$$a\left(x+\frac{b}{2a}\right)^2=\frac{b^2}{4a}-c$$

右辺を通分して両辺を a で割る：$\left(x+\dfrac{b}{2a}\right)^2=\dfrac{b^2-4ac}{4a^2}$

両辺のルートをとる：$x+\dfrac{b}{2a}=\pm\dfrac{\sqrt{b^2-4ac}}{2a}$

$\dfrac{b}{2a}$ を移項する：$x=\dfrac{-b\pm\sqrt{b^2-4ac}}{2a}$

注意 $D=b^2-4ac<0$ の場合は $\sqrt{D}=\sqrt{-D}i$ と解釈してください。

代入による証明

解の公式を導出するというよりも「解の公式を知っているもとでその正しさを証明する」という天下り的なスタンスです。

証明2

- 2次方程式の解は（重解は2つとカウントすると）必ず2つである（→注意）。
- $\dfrac{-b\pm\sqrt{b^2-4ac}}{2a}$ は確かに2次方程式の解である（以下のように代入によって簡単に確認できる）：

$$a\left(\frac{-b\pm\sqrt{b^2-4ac}}{2a}\right)^2+b\left(\frac{-b\pm\sqrt{b^2-4ac}}{2a}\right)+c$$

$$=\frac{b^2\mp 2b\sqrt{b^2-4ac}+b^2-4ac}{4a}+b\frac{-2b\pm 2\sqrt{b^2-4ac}}{4a}+\frac{4ac}{4a}$$

$$=0$$

注意 これは事実として認めてしまえばよいです。厳密には「代数学の基本定理」という難しい定理によって保証されます。

和と積を計算する方法

こちらも証明2と同じく解の公式を天下り的に証明する方法です。

証明3 $\alpha=\dfrac{-b+\sqrt{b^2-4ac}}{2a},\beta=\dfrac{-b-\sqrt{b^2-4ac}}{2a}$ とおく。

このとき $D=b^2-4ac$ として，

$$\alpha+\beta=\frac{-b+\sqrt{D}}{2a}+\frac{-b-\sqrt{D}}{2a}=-\frac{b}{a}$$

$$\alpha\beta=\frac{-b+\sqrt{D}}{2a}\cdot\frac{-b-\sqrt{D}}{2a}=\frac{b^2-(b^2-4ac)}{4a^2}=\frac{c}{a}$$

となる。

ここで，$ax^2+bx+c=a(x-\alpha)(x-\beta)$ が恒等式であることを証明すればよいので，上式の各次数の係数を調べる：

- 2次の係数：両辺ともに a
- 1次の係数：左辺は b，右辺は $-a(\alpha+\beta)=-a\cdot\left(-\frac{b}{a}\right)=b$
- 定数項：左辺は c，右辺は $a\alpha\beta=a\cdot\frac{c}{a}=c$

以上から，任意の x について $ax^2+bx+c=a(x-\alpha)(x-\beta)$ が成立する。

一言コメント

教科書に載っている基本的な公式に対していろいろな証明方法を考えてみると新たな発見があるかもしれません。

02 三平方の定理の4通りの美しい証明 ☆☽

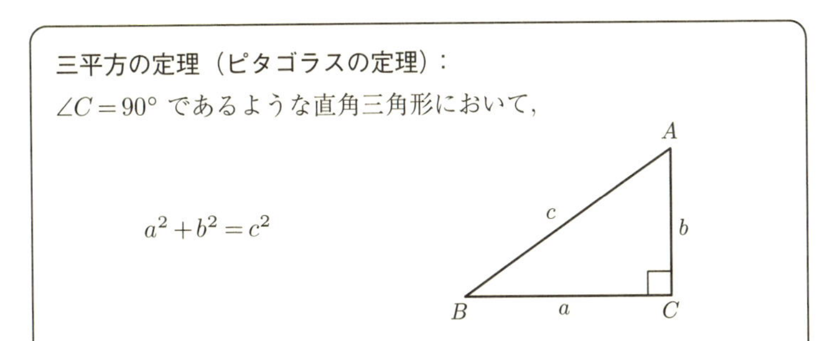

三平方の定理（ピタゴラスの定理）：
$\angle C = 90^\circ$ であるような直角三角形において，

$$a^2 + b^2 = c^2$$

三平方の定理の証明は 100 個以上知られています！　その中でも簡単で美しい証明を 4 つほど紹介します。

正方形を用いた証明

直角三角形 4 つと小さい正方形を組み合わせて大きい正方形を作る方法です。100 個以上ある証明の中でも最も有名だと思います。

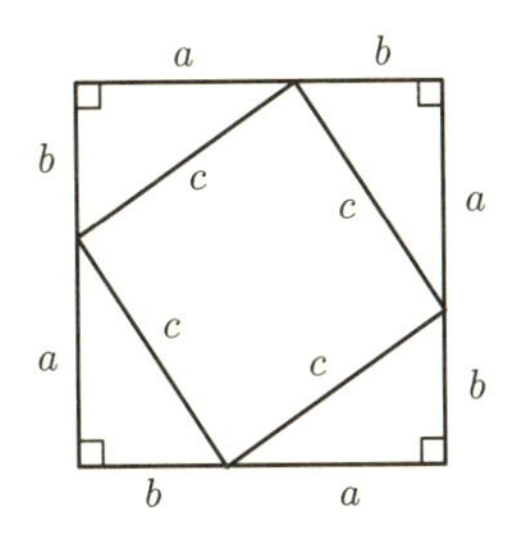

証明 1　上図において大きい正方形の面積 S を 2 通りで表す。

- 1辺 $(a+b)$ の正方形なので，$S=(a+b)^2$
- 1辺 c の正方形と直角三角形4つの和なので，$S=c^2+4\cdot\frac{1}{2}ab$

よって，$(a+b)^2=c^2+2ab$

整理すると $a^2+b^2=c^2$ となり，三平方の定理を得る。

相似を用いた証明

三角形の相似に注目した三平方の定理の証明を2通り紹介します。

証明2　C から AB に下ろした垂線の足を H とおく。

- 三角形 BHC と BCA は相似なので，$BC^2=BH\times AB$
- 三角形 AHC と ACB は相似なので，$AC^2=AH\times AB$

以上2つの式を辺々加えると，$a^2+b^2=(AH+BH)c=c^2$ を得る。

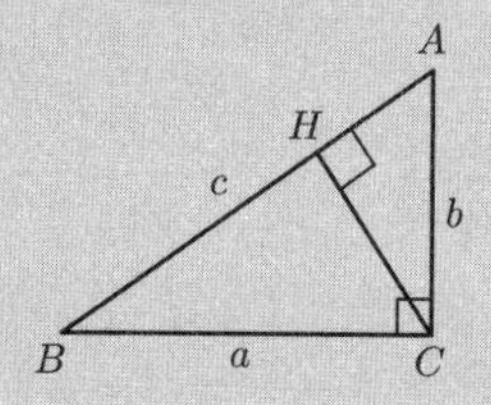

証明3　三角形 ABC と CDE が合同になるように，図のように D,E をとる。

四角形 $ACBD$ の面積 S を2通りの方法で表す。

- AB と CD は直交するので，$S=\frac{1}{2}AB\times CD=\frac{c^2}{2}$
- 三角形 BCD の面積は $\frac{a^2}{2}$，三角形 ACD の面積は $\frac{b^2}{2}$ より
  $S=\frac{1}{2}(a^2+b^2)$

以上2式より三平方の定理を得る。

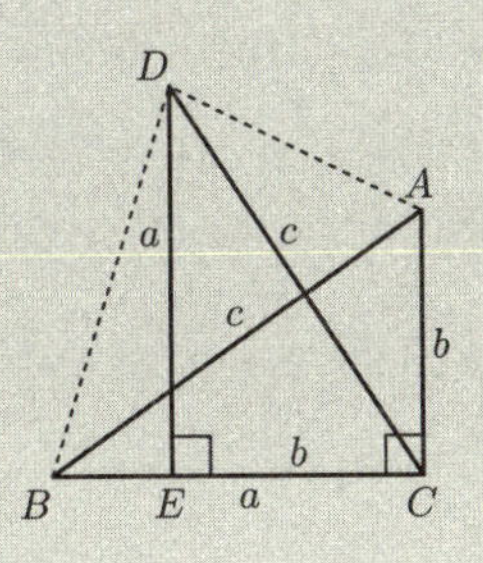

内接円を用いた証明

内心，内接円の存在は三平方の定理を用いることなく証明できるので，三平方の定理の証明に使うことができます。個人的にかなり好きな方法です。

証明 4　三角形 ABC の面積を S，内接円の半径を r とおくと，

$$S=\frac{1}{2}ab=\frac{1}{2}r(a+b+c)$$

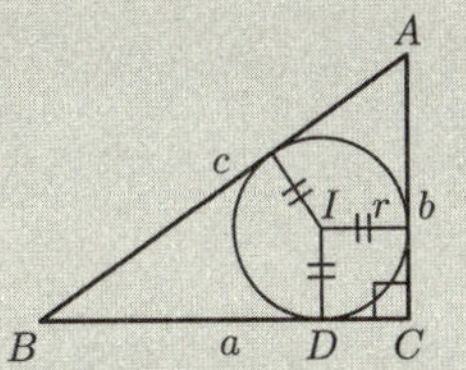

である（→注意 1）。また，内接円と BC との接点を D とおくと，

$$r=CD=\frac{a+b-c}{2}$$

である（→注意 2）。

以上より，$ab=\left(\frac{a+b-c}{2}\right)(a+b+c)$

これを展開して整理すると $a^2+b^2=c^2$ を得る。

注意 1. $S=\frac{1}{2}r(a+b+c)$ は重要な公式なので覚えておくとよいでしょう。内心を I としたとき，$|ABC|=|IAB|+|IBC|+|ICA|$（$|ABC|$ は三角形 ABC の面積を表す）であることから導けます。
2. 同じ点から円に引いた2本の接線の長さは等しいので図において $AE=AF, BD=BF, CD=CE$ です。よって，

$$(a-CD)+(b-CD)=c$$

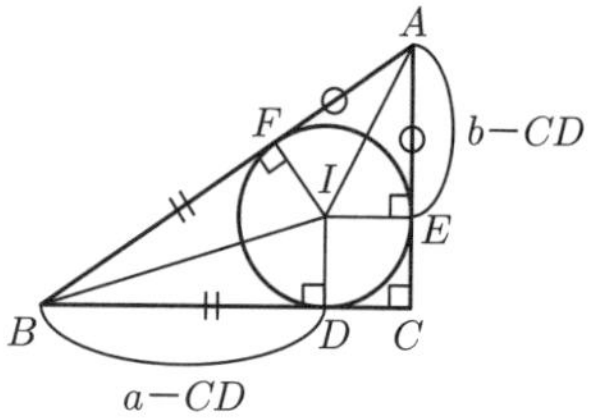

A
F
b−CD
I
E
B
D
C
a−CD

となることから $CD=\frac{a+b-c}{2}$ がわかります。

補足

三平方の定理の証明が全部で何通りあるのか？という類の疑問は意味がないと思います。証明が本質的に異なるのか，似ているけど違うものとみなすのかは，人によって微妙に異なるからです。

一言コメント

ちなみに「四平方の定理」（→ p.143, ㉞）というものもあります。

03 垂心の存在の3通りの証明 ☆☆☽

垂心： 三角形 ABC において各頂点から対辺に下ろした3本の垂線は1点で交わる。その点を垂心と呼ぶ。

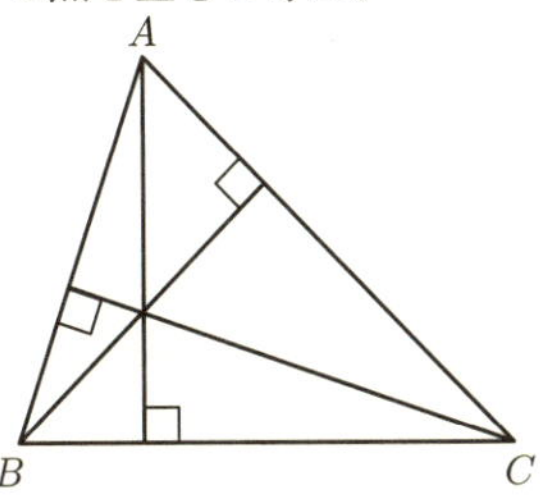

以下では垂心が存在することの3通りの証明を解説します。

外心の存在を用いた証明

1つめの証明では外心の存在（三角形の3辺の垂直二等分線は1点で交わること）は前提とします。

方針

三角形 ABC の外側に2倍に拡大した三角形 DEF を作ると（証明の図参照），三角形 DEF の外心が ABC の垂心と一致します。

証明1　三角形 ABC の各頂点を通り対辺と平行な直線を3つ引き，それらの交点を D,E,F とおく。

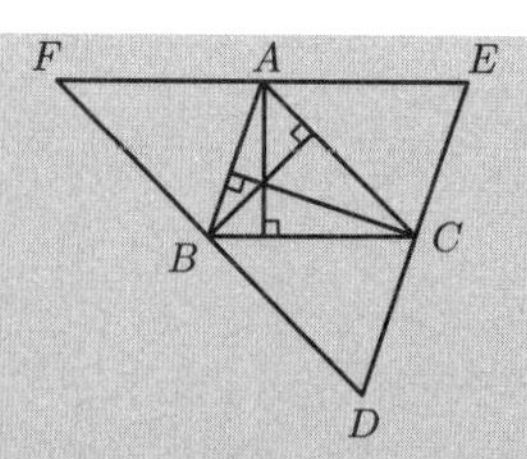

1辺とその両端の角が等しいことから4つの三角形 ABC, BAF, CEA, DCB が合同であることがわかる。よって「各頂点 A, B, C から対辺に下ろした垂線は DEF の各辺の垂直二等分線と一致する」ことがわかる。また，外心の存在より「三角形 DEF において，3辺の垂直二等分線が1点で交わる」こともわかる。
以上2つの事実により垂心の存在が証明された。

チェバの定理の逆を用いた証明

証明2ではチェバの定理の逆（→ p.118, ㉘）は前提とします。

方針

3つの直線が1点で交わることの証明の多くは，以下のいずれかの方法で解決します。

- 2つの直線の交点を3つめの直線が通ることを示す
- チェバの定理の逆を使って示す

ということで，チェバの定理の逆でやってみます。

証明2　垂線の足を P, Q, R とおくと，$BC=a, CA=b, AB=c$ として，
$$\frac{BP}{PC}=\frac{c\cos B}{b\cos C},\ \frac{CQ}{QA}=\frac{a\cos C}{c\cos A},\ \frac{AR}{RB}=\frac{b\cos A}{a\cos B}$$
より，

$$\frac{AR}{RB}\cdot\frac{BP}{PC}\cdot\frac{CQ}{QA}=1$$

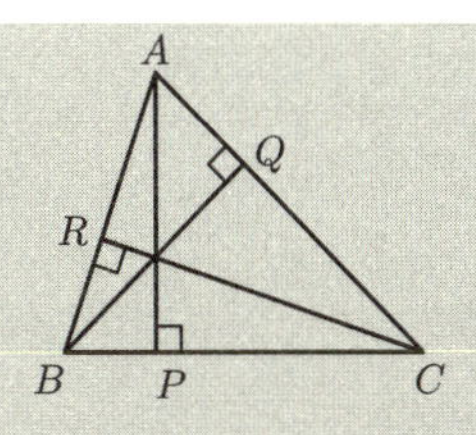

よって，チェバの定理の逆より垂心が存在することがわかる。

座標を用いた証明

方針

垂直が多い構図では座標で計算する方法がうまくいく場合が多いです。垂線の１つと y 軸が一致するように座標を設定してやると計算が楽になります。

証明３　角 A が最大角としても一般性を失わない（→**注意**）。
$A(0,a), B(b,0), C(c,0)$ と座標を設定する（下図）。また，垂線の足を P,Q,R とおく。

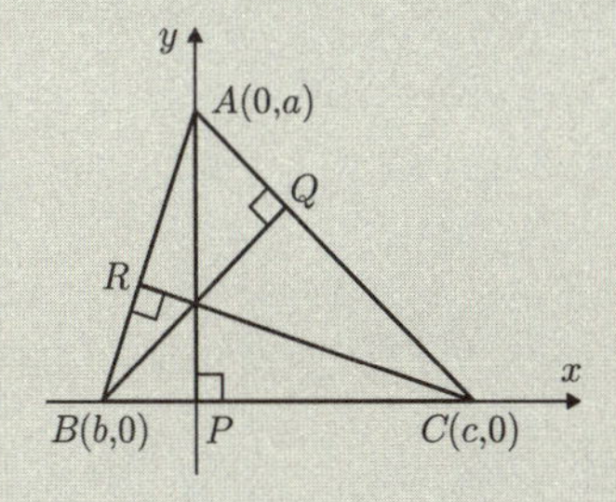

AC の傾きは $-\dfrac{a}{c}$ より，BQ の傾きは $\dfrac{c}{a}$ である（直交する２直線の傾きの積は -1）。よって，直線 BQ の方程式は，$y=\dfrac{c}{a}(x-b)$
これと，y 軸との交点の y 座標は，$-\dfrac{bc}{a}$

同様にして（または対称性より），CR も $\left(0, -\dfrac{bc}{a}\right)$ を通るので垂心の存在が証明された。

注意 A が最大角という条件を指定することで $a, b, c \neq 0$ となり，傾きが定義できます。

一言コメント

個人的に五心（外心・内心・重心・垂心・傍心）の中で一番垂心が好きです。

中線定理の３通りの証明☆☽

中線定理：

三角形 ABC において，辺 BC の中点を M とおくとき，

$$AB^2+AC^2=2(AM^2+BM^2)$$

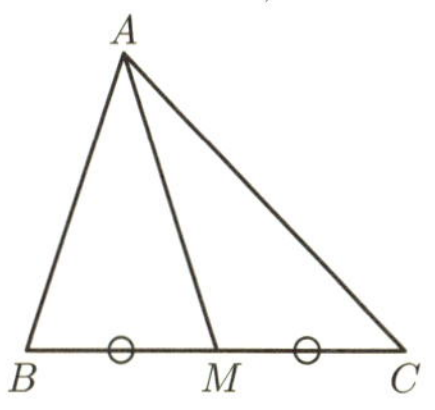

中線定理の使用例

証明の前にまずは使用例を紹介します。

例題： $AB=4, BC=6, CA=5$ のとき，AM の長さを求めよ。

解答： 中線定理より，$4^2+5^2=2(AM^2+3^2)$

よって，$2AM^2=23$，$AM=\dfrac{\sqrt{46}}{2}$

このように「AB, AC, BC, AM の４つのうち３つがわかれば残りの１つも簡単にわかる」というのが中線定理の威力です。

中線定理について

教科書にも載っている中線定理ですが，正弦定理や余弦定理などの花形公式と比べるとやや地味な感じがします。しかし，中線定理はさまざ

まな手法で証明することができるので，図形の証明問題のよい題材と言えます！　というわけで，この節では中線定理の証明を3通り紹介します。

1. 余弦定理による方法
2. ベクトルによる方法
3. 座標平面による方法

証明1は発想を知らないと少し難しいかもしれませんが，重要な考え方です。証明2と3はベクトルや座標平面に慣れていれば機械的な計算で証明することができます。

余弦定理による方法

方針

$\angle AMB + \angle AMC = 180°$ であることと余弦定理を用いて，辺の関係式を導出します。

証明1　三角形 AMB に余弦定理を用いると，

$$\cos\angle AMB = \frac{AM^2 + BM^2 - AB^2}{2AM \cdot BM}$$

同様に，三角形 AMC に余弦定理を用いると，

$$\cos\angle AMC = \frac{AM^2 + CM^2 - AC^2}{2AM \cdot CM}$$

$\cos\angle AMB = -\cos\angle AMC$ と $BM = CM$ より，

$$AM^2 + BM^2 - AB^2 = -AM^2 - BM^2 + AC^2$$

これを移項すると，

$$AB^2 + AC^2 = 2(AM^2 + BM^2)$$

非常に重要な考え方なので，この証明方法はまるごと覚えることをおすすめします！

ベクトルによる方法

方針

ベクトルの計算で証明する場合は，始点をどこにとるかによって計算の複雑さが大きく変わってきます。この場合，M を始点にとると計算が楽になります。

証明２　$\overrightarrow{MA}=\overrightarrow{a}, \overrightarrow{MB}=\overrightarrow{b}$ とおくと，$\overrightarrow{MC}=-\overrightarrow{b}$ となる。

$$
\begin{aligned}
AB^2+AC^2 &= |\overrightarrow{b}-\overrightarrow{a}|^2+|-\overrightarrow{b}-\overrightarrow{a}|^2 \\
&= 2|\overrightarrow{b}|^2+2|\overrightarrow{a}|^2 \\
&= 2AM^2+2BM^2
\end{aligned}
$$

$\overrightarrow{MB}=-\overrightarrow{MC}$ なので計算が楽です。一般に中点や外心をベクトルの始点にとると計算が楽になる場合が多いです。

座標平面による方法

方針

ベクトルによる証明とほぼ同じですが，こちらも座標のとり方で計算の大変さが変わってきます。M を原点にとると簡単に示せます。

証明３　$A(a,b), B(-c,0), C(c,0)$ と座標を設定する。

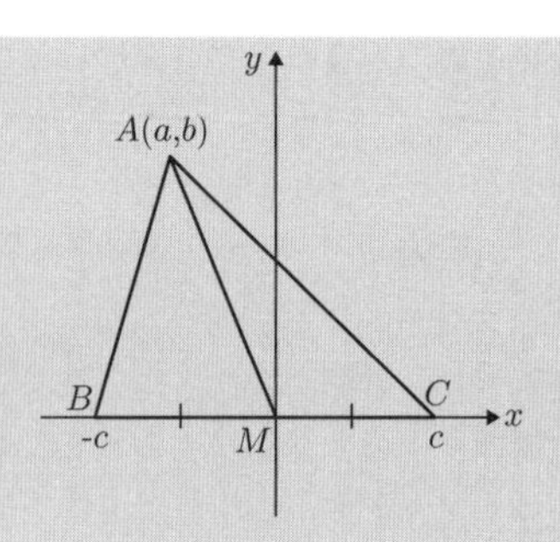

中線定理の左辺 AB^2+AC^2 は，

$$(a+c)^2+b^2+(a-c)^2+b^2=2a^2+2b^2+2c^2$$

一方，中線定理の右辺は，

$$2(AM^2+BM^2)=2(a^2+b^2+c^2)$$

となり，両者は一致する。

ベクトルと同様に，座標で解く場合も中点や外心を座標平面の原点にとるとうまくいくことが多いです。

図形の証明問題

一般的に，図形の性質に着目して証明するのは発想力が必要になります。一方，ベクトルや座標平面を用いた方法では機械的な計算で証明することができますが，角度に関する条件を扱うのが難しいため万能ではありません。一長一短です。どの手法を用いるのか臨機応変に判断しなければいけません。そこが図形の証明問題のおもしろさでもあります。

一言コメント

こうしてみると，座標とベクトルはかなり似た道具であることがわかると思います。

正五角形の対角線の長さと作図方法 ☆☽

正五角形を（定規とコンパスのみを使って）作図する方法を解説します。正五角形の作図の原理を理解するために，まずは１辺の長さが１の正五角形の対角線の長さについて考えます。

正五角形の対角線の長さ： １辺の長さが１の正五角形の対角線の長さは $x=\dfrac{1+\sqrt{5}}{2}$ である。

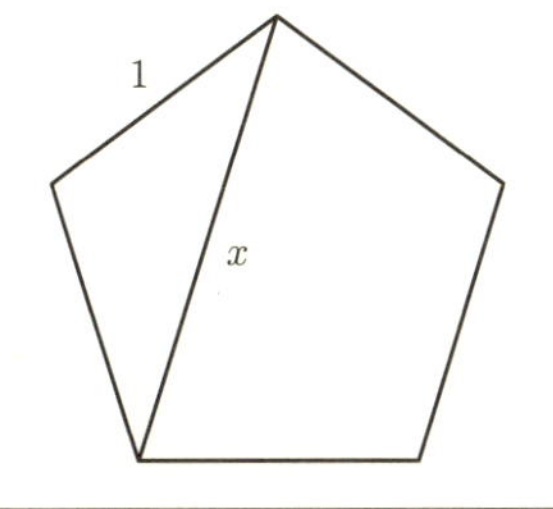

- $\sqrt{5}$ は約 2.2 なので対角線の長さは１辺の長さの約 1.6 倍です。
- $1:\dfrac{1+\sqrt{5}}{2}$ は**黄金比**と呼ばれています。有名な値なので覚えておくとよいでしょう。
- 定理の証明はいくつか方法があります。たとえば，トレミーの定理を用いる方法（→ p.123, ㉙），三角形の相似を用いる方法（→ p.57, ⑫の導出 2）などです。

作図の方針

ここから正五角形の作図方法を解説していきます。細かい描き方の手順を１つ１つ覚えるよりも，大雑把な方針を理解してください！

〔方針〕

手順 1. 適当な長さの線分 AB を書く。

手順 2.AB の $\dfrac{1+\sqrt{5}}{2}$ 倍の長さの線分を作図する。

手順 3. 正五角形 $ABCDE$ を作図する。

手順1は当然簡単，手順2ができてしまえば手順3も簡単です。つまり，正五角形の作図方法の最大の山場は手順2になります。

対角線を作図する

手順2までについて具体的な作図方法を解説します。

- 線分 AB の垂直二等分線を作図することで長さ $\dfrac{AB}{2}$ は作ることができます。
- $1:2:\sqrt{5}$ の直角三角形を作図することで長さ $\sqrt{5}AB$ を作ることができます。

以上に注意して手順1，手順2を見てみます（次ページの図を参照）。

（作図方法）

手順 1. まず適当に線分 AB を書く。

手順 2-1.AB の垂直二等分線 l を作図する。AB と l の交点（AB の中点となる）を M とおく。

手順 2-2.「中心 M, 半径 AB の円」と l の交点を P とする。すると $MP=AB$ であり,

$$AP=\sqrt{AM^2+MP^2}=\frac{\sqrt{5}}{2}AB$$

となる。

手順 2-3.「中心 P，半径が $\dfrac{AB}{2}$ の円（点線）」と直線 AP の交点のうち A と遠い側のものを Q とする。このとき

$$AQ=\frac{1+\sqrt{5}}{2}AB$$

となる。

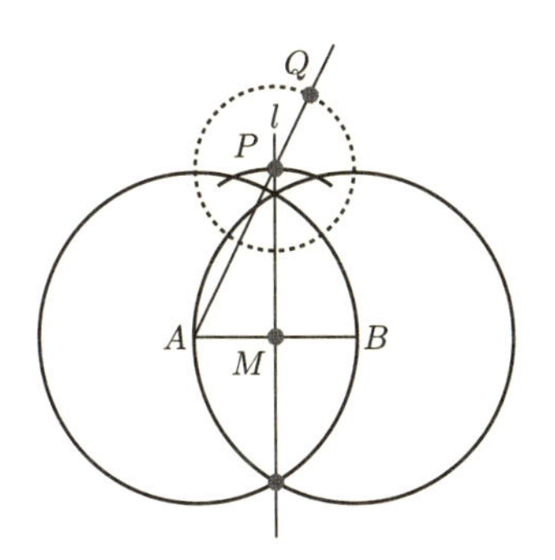

正五角形の作図（仕上げ）

$\phi=\dfrac{1+\sqrt{5}}{2}AB$ の長さの線分が作図できればあとは簡単です（ϕ はギリシャ文字でファイと読みます）。

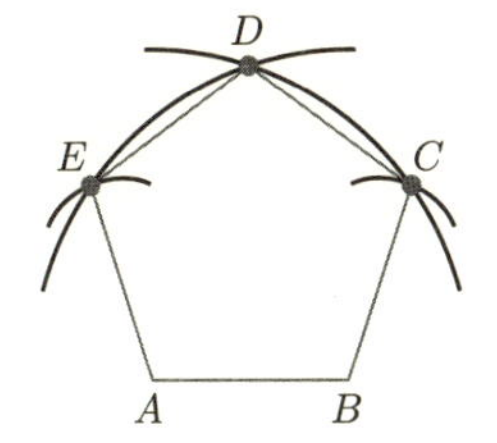

（作図方法—完結編）

中心 A，半径 ϕ の円と中心 B，半径 AB の円の交点を C とする。

中心 A，半径 ϕ の円と中心 B，半径 ϕ の円の交点を D とする。

中心 A，半径 AB の円と中心 B，半径 ϕ の円の交点を E とする。

ただし，直線 AB に関して C, D, E が全て同じ側に来るようにとる。すると，$ABCDE$ は正五角形となる。

一言コメント

ちなみに正十七角形もコンパスと定規で作図できます（1796 年, ガウスによる）。

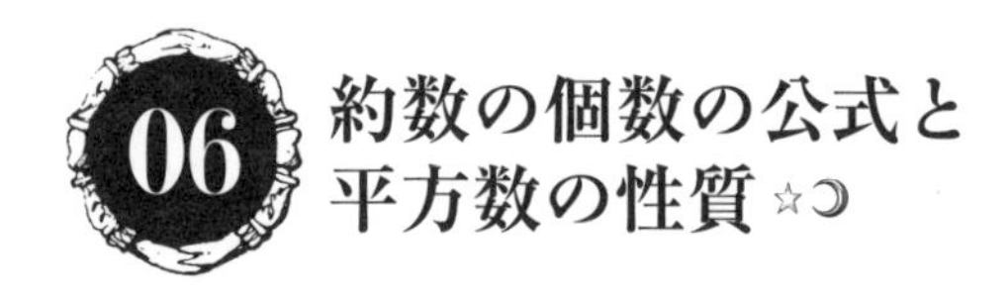

約数の個数の公式と平方数の性質

約数の個数の公式： 正の整数 n が，$n=p_1^{a_1}p_2^{a_2}\cdots p_k^{a_k}$ と素因数分解できるとき，n の約数の個数は $(a_1+1)(a_2+1)\cdots(a_k+1)$ 個である。

基本的ですが重要な公式です。公式の証明およびこの公式から導ける平方数に関する重要な定理を解説します。

約数の個数の公式の使用例

例 1：12 は $2^2\cdot 3$ と素因数分解できるので，約数の個数は
$(2+1)(1+1)=6$ 個。

例 2：素数 p に対して p^k という数の約数の個数は $k+1$ 個。

例 3：$2^{99}3^{199}$ の約数の個数は $(99+1)(199+1)=20000$ 個。

このように「素因数分解して指数を見れば約数の個数がわかる」というわけです。

約数の個数の公式の証明

n の素因数分解をもとに「p_i たちの指数を決めれば約数が 1 つ定まる」ことが理解できればほとんど当たり前な公式です。

たとえば $12=2^2\cdot 3$ の場合，2 の指数を $0,1,2$ の中から 1 つ，3 の指数を $0,1$ の中から 1 つ選ぶと約数が決まります。よって，約数の個数は，$3\times 2=6$ 個です。

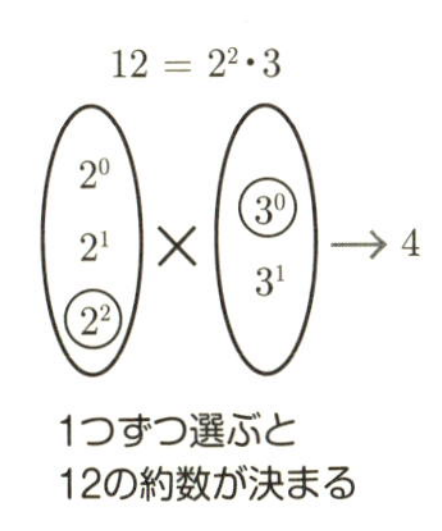

一般的に書くと以下のようになります。

証明　$n=p_1^{a_1}p_2^{a_2}\cdots p_k^{a_k}$ の約数は $p_1^{b_1}p_2^{b_2}\cdots p_k^{b_k}$（ただし，各 i に対して b_i は $0 \leqq b_i \leqq a_i$ を満たす整数）という形の整数だけであり，これで全ての約数を表せる。そのような $b_i\,(i=1,\cdots,k)$ の選び方は $(a_1+1)(a_2+1)\cdots(a_k+1)$ 通りである。

「平方数の約数の個数は奇数」の証明 1

次に，約数の個数の公式から導ける重要な定理を解説します。

平方数の約数の個数は奇数： 正の整数 n について，
n が平方数 $\Longleftrightarrow$ n の約数の個数が奇数

例 1：16 は平方数である。約数は 1, 2, 4, 8, 16 の 5 個（奇数個）。
例 2：12 は平方数でない。約数は 1, 2, 3, 4, 6, 12 の 6 個（偶数個）。

証明　$n=p_1^{a_1}p_2^{a_2}\cdots p_k^{a_k}$ と素因数分解されているとき，n が平方数であるというのは，平方数の定義より $a_1, a_2, \cdots, a_k$ がいずれも偶数であることと同値。
一方，n の約数の個数が奇数であるというのは，約数の個数の公式

より $(a_1+1)(a_2+1)\cdots(a_k+1)$ が奇数であることと同値。
これは $a_1, a_2, \cdots, a_k$ がいずれも偶数であることと同値。

 「平方数の約数の個数は奇数」の証明2

上記のように約数の個数の公式を使えばあざやかに証明できますが，この公式を使わずとも以下のように証明できます。

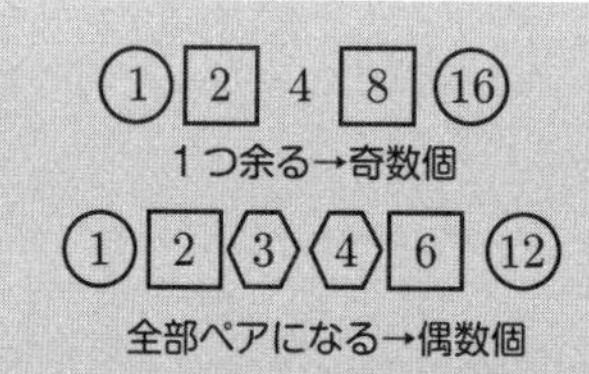

証明　m が n の約数のとき，$\frac{n}{m}$ も n の約数である。このことに注意すると，n の約数を小さい順に $1=d_1, d_2, \cdots, d_N=n$ と並べたとき，$d_1d_N=n, d_2d_{N-1}=n$ などが成立する。つまり，大きい方と小さい方から1つずつ取ってくると，かけて n になるペアができる。
n が平方数のときは $m=\frac{n}{m}$ となる約数 m が存在するので真ん中で1つ余る。それ以外は全てペアになる。よって約数の個数は奇数。
n が平方数でないときは $m=\frac{n}{m}$ となる正の整数 m が存在しないので，全てペアになる。よって約数の個数は偶数。

一言コメント
ちなみに100以下の正の整数で約数の個数が最大になるのは60,72,90の3個（約数は12個）です。

$\sqrt{2}$ が無理数であることの4通りの証明 ☆☆☽

$\sqrt{2}$ は無理数である。
より一般に，平方数でない正の整数 n に対して $\sqrt{n}$ は無理数である。

背理法による証明

まずは定番の証明です。教科書で背理法を習うときに具体例として紹介されることが多い方法です。

証明1　$\sqrt{2}$ が有理数であると仮定する。このとき，互いに素な正の整数 p, q を用いて $\sqrt{2} = \dfrac{q}{p}$ とおける。
両辺2乗して分母を払うと，$2p^2 = q^2$。左辺は2の倍数なので q^2 は2の倍数。よって q は2の倍数。
すると，q^2 は4の倍数になるので，p^2 が2の倍数。よって p も2の倍数。これは p と q が互いに素であることに矛盾。

素因数分解を用いた証明

先ほどの証明とかなり似ていますが，素因数分解を用います。

証明2　「$\sqrt{2}$ が有理数 $\Longleftrightarrow$ $\sqrt{2} = \dfrac{a}{b}$ を満たす整数 a, b が存在する」より，$a^2 = 2b^2$ を満たす整数 a, b が存在しないことを証明すればよい。a, b を素因数分解したときの2の指数（2で何回割り切れるか）

を考えると，左辺は2で偶数回，右辺は2で奇数回割り切れることになる。つまりそのような整数 a, b は存在しない（→注意）。

注意 厳密には最後の部分で素因数分解の一意性を使っています。「どんな整数もただ1通りに素因数分解できる」というのは一見当たり前ですが，素因数分解の一意性が成り立たないヤバい世界も存在します。

2次方程式を用いた証明

「方程式 $ax^2+bx+c=0$ の有理数解を $\frac{q}{p}$（既約分数）とおくと，p は a の約数で q は c の約数である」という定理（→補足）を使います。

証明3　$x^2-2=0$ という2次方程式を考える。
- $\sqrt{2}$ はこの2次方程式の解である。
- この方程式に有理数解があるとしたら，それは上記の定理より $\pm1, \pm2$ のいずれかだが，どれも解でない。

以上により $\sqrt{2}$ は無理数。

補足
$\frac{q}{p}$ が2次方程式の解のとき，

$$a\cdot\frac{q^2}{p^2}+b\cdot\frac{q}{p}+c=0$$

分母を払うと，

$$aq^2+bpq+cp^2=0$$

となります。第一項以外は p の倍数なので，aq^2 も p の倍数です。p と q は互いに素なので a が p の倍数になります。つまり p は a の約数です。q が c の約数であることも同様にわかります。

正則連分数展開を用いた証明

「有理数 $\Longleftrightarrow$ 正則連分数展開が有限回で終了する」という有名な定理を使います。

証明 4　$\sqrt{2}$ の正則連分数展開は $\sqrt{2}=[1;2,2,2,2,\cdots]$ と無限に続く（→補足）ので，上記の定理より $\sqrt{2}$ は無理数である。

補足

- 正則連分数とは，$a_0+\dfrac{1}{a_1+\dfrac{1}{a_2+\cdots}}$ というタイプの連分数です。縦に広がってしまうので $[a_0;a_1,a_2,\cdots]$ のように書くことも多いです。
- $\sqrt{2}=[1;2,2,2,2,\cdots]$ の説明：
  $\sqrt{2}$ の整数部分は 1，小数部分は $\sqrt{2}-1=\dfrac{1}{\sqrt{2}+1}$ より
  $$\sqrt{2}=1+\frac{1}{\sqrt{2}+1}$$
  $\sqrt{2}+1$ の整数部分は 2，小数部分は $\dfrac{1}{\sqrt{2}+1}$ より
  $$\sqrt{2}=1+\frac{1}{2+\dfrac{1}{\sqrt{2}+1}}$$
  以下この操作を続けることで $\sqrt{2}=[1;2,2,2,2,\cdots]$ がわかります。
- 連分数展開を途中で打ち切ったものは，もとの数の近似値を与えます。$\sqrt{2}$ の場合，$1+\dfrac{1}{2}=1.5$，$1+\dfrac{1}{2+\dfrac{1}{2}}=\dfrac{7}{5}=1.4$，$1+\dfrac{1}{2+\dfrac{1}{2+\dfrac{1}{2}}}=\dfrac{17}{12}=1.417\cdots$ となり，確かに $\sqrt{2}=1.414\cdots$ に近い値です。

一言コメント

著者は高校時代，テストで証明3のような変な証明を書くのが好きでした。

二重根号の外し方のパターンと外せないものの判定☆☆☽

二重根号の外し方：恒等式

$$\sqrt{a+b+2\sqrt{ab}}=\sqrt{a}+\sqrt{b}$$

$$\sqrt{a+b-2\sqrt{ab}}=\sqrt{b}-\sqrt{a}$$

（ただし，$0<a<b$）を用いて二重根号を外すことができる。

二重根号にまつわる話題を整理しました。

二重根号の外し方（基本パターン）

$\sqrt{a+b+2\sqrt{ab}}=\sqrt{a}+\sqrt{b}$ なので（これは両辺を2乗すれば簡単に確かめられる），$\sqrt{A+2\sqrt{B}}$ という二重根号の式が与えられたとき，「たして A かけて B」となる2つの自然数 a,b を見つけてくることができれば二重根号を外すことができます。

例1：$\sqrt{5+2\sqrt{6}}$
たして5かけて6になる2つの自然数を（直感で）求めると2,3なので，$\sqrt{5+2\sqrt{6}}=\sqrt{2}+\sqrt{3}$

同様に $\sqrt{a+b-2\sqrt{ab}}=\sqrt{b}-\sqrt{a}$ なので（これも両辺を2乗すれば簡単に確かめられる），$\sqrt{A-2\sqrt{B}}$ という二重根号の式が与えられたとき，「たして A かけて B」となる2つの自然数 $a,b(b>a)$ を見つけてくることができれば二重根号を外すことができます。

例 2：$\sqrt{4-2\sqrt{3}}$
たして 4 かけて 3 になる 2 つの自然数を（直感で）求めると 1,3 なので，$\sqrt{4-2\sqrt{3}}=\sqrt{3}-1$

2 を強引に作りだすパターン

例 3：$\sqrt{4+\sqrt{15}}$
このままでは先ほどの公式が使えないので $\sqrt{15}$ の前に強引に 2 を作り出す：$\sqrt{4+\sqrt{15}}=\sqrt{\dfrac{8+2\sqrt{15}}{2}}=\dfrac{\sqrt{8+2\sqrt{15}}}{\sqrt{2}}$
これで分子に先ほどの公式が使える。たして 8 かけて 15 になる 2 つの自然数を（直感で）求めると 3,5 なので，上式は $\dfrac{\sqrt{3}+\sqrt{5}}{\sqrt{2}}$ となる。最後に分母を有理化する：$\dfrac{\sqrt{6}+\sqrt{10}}{2}$

例 4：$\sqrt{11-6\sqrt{2}}$
今度はルートの中に邪魔な 3 を入れることで強引に 2 を作り出す：
$\sqrt{11-6\sqrt{2}}=\sqrt{11-2\sqrt{18}}$
たして 11 かけて 18 となるのは，2 と 9：$\sqrt{11-6\sqrt{2}}=3-\sqrt{2}$

数字がとにかく大きいパターン

数字が大きくなった場合は直感で分解するのは難しいです。そこで，解と係数の関係を用いることで二重根号を外すことができます。

例 5：$\sqrt{44+2\sqrt{420}}$
たして 44 かけて 420 になる 2 つの数 a, b を直感で求めるのは難しいが，解と係数の関係より，a, b は 2 次方程式

$$x^2-44x+420=0$$

の解であることがわかる。この 2 次方程式を解の公式（→ p.14, ⓪①）を用いて解くと，$x=22\pm\sqrt{22^2-420}=14, 30$
よって $\sqrt{44+2\sqrt{420}}=\sqrt{30}+\sqrt{14}$

この方法を使うことで，どんなに大きい数が出てきても 2 次方程式の解を計算すれば，二重根号を（外せる場合は）外すことができます。

二重根号が外せない場合とその判定

A, B が適当に与えられたとき，「たして A かけて B」となるような自然数 a, b がいつも存在するとは限りません（二重根号を外す問題ではほとんどの場合，都合のよい A, B が与えられています）。うまく a, b がとれない場合は残念ながら二重根号を外すことはできません。

実は例 5 の解法を一般化することで，二重根号が外せるかどうか簡単に判定できます！

二重根号が外せるかどうかの判定： $\sqrt{A\pm2\sqrt{B}}$ は A^2-4B が平方数のとき，二重根号を外すことができる。A^2-4B が平方数でないとき，二重根号は外せない。

解説：たして A かけて B となる自然数 a, b が存在する条件は，2 次方程式 $x^2-Ax+B=0$ の解が 2 つとも自然数であること。
よって判別式 A^2-4B が平方数であることが必要。

逆に判別式が平方数なら，解が両方自然数であることも簡単にわかる（→補足）。

補足

$\sqrt{A^2-4B}$ が自然数であるとき，A と $\sqrt{A^2-4B}$ の偶奇は一致します。よって，解の公式の分子：$A\pm\sqrt{A^2-4B}$ は偶数となり，解が両方自然数であることがわかります。

例 1（再掲）：$\sqrt{5+2\sqrt{6}}$

これは $A^2-4B=5^2-24=1$ となり平方数。つまり二重根号が外せるパターン。

例 6：$\sqrt{7+2\sqrt{5}}$

これは $A^2-4B=49-20=29$ となり平方数でない。つまりどんなにがんばっても二重根号は外せない。

一言コメント

絶対に解けない問題を（解けないと証明されているとは知らずに）解こうとするのは一番悲しいパターンですね。

道順の場合の数を求めるテクニック

☆☽

定期試験や入試で頻出の「道順の場合の数を求める問題（最短経路問題）」についての有名なテクニックである書き込み方式を解説します。漸化式を使って場合の数を求める「動的計画法」という手法の入り口です。

最短経路の基本問題と模範解答

まずは最短経路問題の最も基本的なタイプです。

例題：下図のような格子状の道路がある。
点 A から点 B まで行くときの最短経路の数を求めよ。

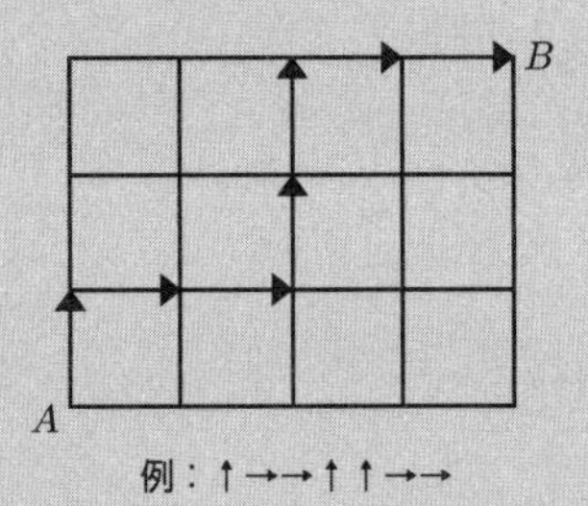

例：↑→→↑↑→→

解答（まずは教科書的に解く。→と↑の列を考える）：「→4つと↑3つを一列に並べたもの」と「最短経路」は1対1に対応する。よって「→4つと↑3つを一列に並べたもの」の数を数えればよい。
そのような場合の数は同じものを含む順列の公式より $\frac{7!}{4!3!}=35$ 通りである。

書き込み方式

道順の場合の数を求める別解を解説します。「書き込み方式」などと呼ばれるものです。

点 A から点 P にたどりつくための最短の道順の数を $N(P)$ と書きます。目標は $N(B)$ を求めることです。

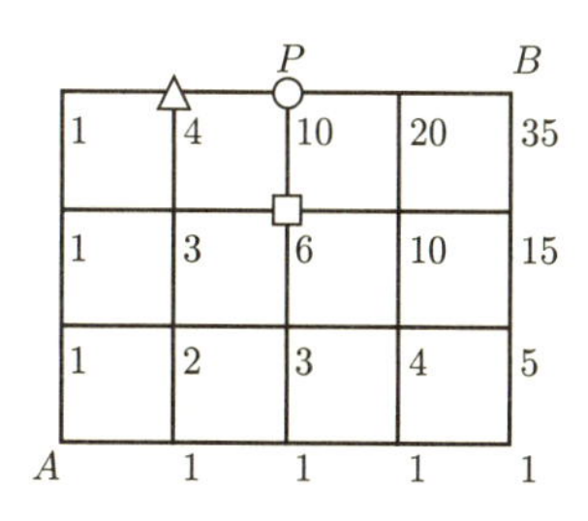

左下から右上に順々に
数字を書いていく

書き込み方式では A の近くの点から順々に，各点 P に $N(P)$ を書いていきます。

具体的には，$N(P)$ は P の左の点を通る最短経路の数と，P の下の点を通る最短経路の数の和です。よって，左の点の数字と下の点の数字をたしたものを P に書いていきます。たとえば P に行くには P の左の点（△）か P の下の点（□）のどちらか一方のみを通るので $4+6=10$ を点 P のそばに書きます。

ただし，一番下の行と左の列の点に関しては最短経路は 1 通りです。

別解：書き込み方式を用いて左下から順々に最短経路の数を求めていく。すると，答えは 35 通りとなる。

書き込み方式の応用

与えられた問題設定が複雑になればなるほど書き込み方式は威力を発揮します。たとえば以下のような場合，矢印の列との対応を考えるのはかなり大変になりますが，書き込み方式は使えます。

- 全体が長方形でない
- 通ってはいけない点が指定されている（穴がある，池がある，工事中など）

例題： 下図の A から B に行く最短の道順は何通りあるか。

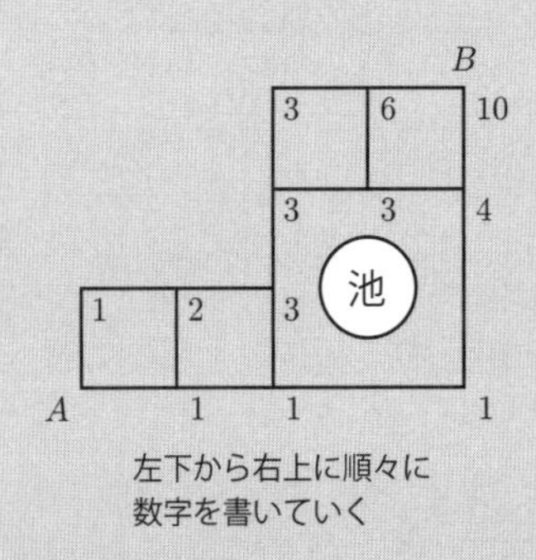

解答： 図の A から B に行く最短の道順の場合の数は，書き込み方式により 10 通りとわかる。

動的計画法

書き込み方式は簡単な漸化式を使って場合の数の問題を解いた，とみなすことができます。このように「漸化式を利用して次々に途中までの解を記録していき，最終的に解を求める方法」を計算機科学の専門用語で「動的計画法」と言います。

動的計画法の（大学入試に出そうな）他の応用としては「階段を上る場合の数」があります。

例題： 9段ある階段を上るとき，1歩で1段上るか2段上るかという2通りの方法を組み合わせて上るとすると，9段の階段を上る上り方は全部で何通りあるか。

解答： 例題の方法で n 段の階段を上る方法を a_n 通りとする。
$a_1=1, a_2=2$ である。また，n 段の階段を上るとき，1歩目に1段上ると残りは $n-1$ 段，1歩目に2段上ると残りは $n-2$ 段なので，
$a_{n+2}=a_{n+1}+a_n\ (n \geqq 1)$ という漸化式が成立する。
この漸化式を使って順々に a_n を求めていくと，
$a_3=3, a_4=5, a_5=8, a_6=13, a_7=21, a_8=34, a_9=55$
となる。よって55通り。

ちなみに各 a_n はフィボナッチ数になります。

一言コメント

動的計画法はプログラミングコンテストで大活躍する手法です。

正多面体が5種類しかないことの2通りの証明☆☽

正多面体は，正四面体，正六面体，正八面体，正十二面体，正二十面体の5種類のみ。

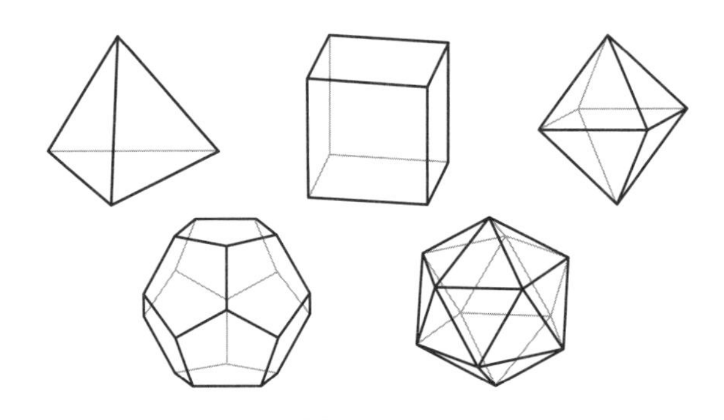

正多面体がこの5種類以外にないことの2通りの証明を紹介します。雑学として知っておくとよいでしょう。

正多面体の定義

そもそも「正多面体」とは何なのかをきちんと確認しておきます。正多面体とは，以下の3つの条件を満たす非常に対称性の高い多面体です。

正多面体の定義

条件1．全ての面が合同な正多角形で構成されている

条件2．いずれの頂点に集まる辺の数（＝面の数）も等しい

条件3．凸多面体（へこんでいない）

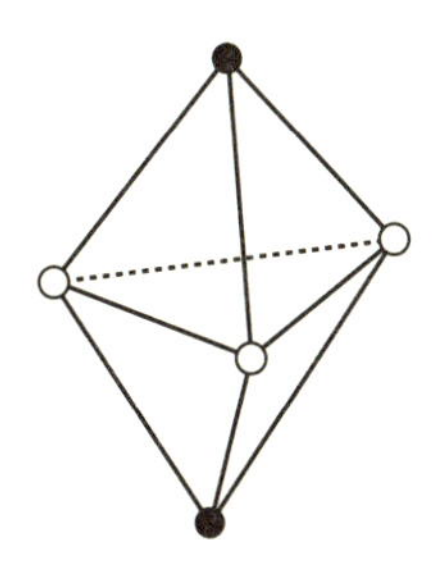

たとえば条件1と3だけだと図のような正三角形6個で構成される多面体も満たしてしまいます。○の頂点からは辺が4本，●の頂点からは辺が3本出ており，条件2を満たしません。これでは「正多面体」と呼ぶには対称性が足りません。

以上を踏まえると，正多面体は以下の M, N を決めることで一意に定まることがわかります。

- 1つの面の辺の数 M（正何角形なのか）
- 1つの頂点に集まる辺の数（= 面の数）N

よって，M, N がとりうる値が5種類しかないことを証明するのが目標になります。

注意 条件3がないと M, N を決めても一般に多面体は1つには決まりません。

正多面体が5種類しかないことの証明1

「凸多面体に一般的に成立する性質：1つの点に集まる角度の和が360°未満である」ことを使えば簡単に証明できます。この性質は認めてください！（納得できない人は以下の証明2で納得するか，実際に紙などで360°以上の角度を1つの頂点にへこませないように集める実験をしてみてください）

証明 1　正 M 角形の 1 つの内角の大きさは $\dfrac{180(M-2)}{M}$ 度なので，
1 つの頂点に集まる角度の和は $\dfrac{180(M-2)N}{M}$ 度である。
これが 360° 未満であるので，$\dfrac{180(M-2)N}{M}<360$
ここからは整数問題。
上式を整理すると，$MN-2M-2N<0,\ (M-2)(N-2)<4$
M,N は定義よりいずれも 3 以上であることに注意すると，上の不等式を満たす (M,N) の組は以下の 5 通りであることがわかる：
$(M,N)=(3,3),(3,4),(3,5),(4,3),(5,3)$
それぞれが正四面体，正八面体，正二十面体，正六面体，正十二面体に対応しており，正多面体はこの 5 種類のみであることが証明された。

証明 1 のメリット

- オイラーの多面体定理などという難しい道具を使わなくてよい，わかりやすい，簡単。

正多面体が 5 種類しかないことの証明 2

オイラーの多面体定理を使います。一般に多面体の頂点の数を V，辺の数を E，面の数を F とおくと $V-E+F=2$ が成立します（→ p.153, ㊲）。

証明 2　F 個の正 M 角形では合わせて辺が MF 本あるが，
1 つの辺は 2 つの面に属するので，$MF=2E$
また，V 個の頂点にそれぞれ N 本の辺が集まり，
1 つの辺は 2 つの頂点を結ぶので，$NV=2E$
これらを $V-E+F=2$ に代入して E のみの式にする：

$$\frac{2E}{N}-E+\frac{2E}{M}=2$$

$$\frac{2}{M}+\frac{2}{N}-1=\frac{2}{E}$$

右辺は正なので左辺も正。よって

$$\frac{2}{M}+\frac{2}{N}>1$$

$$MN-2M-2N<0$$

となり，証明1と全く同じ不等式が得られた！　以下証明1と同様。

証明2のメリット

- オイラーの多面体定理を使うのでおもしろい，辺と面と頂点の数の関係を使うのは重要な考え方。
- 証明1のときに認めた性質を使わなくてもOK。

一言コメント

ちなみに著者は幼少時代，正多面体のおもちゃと戯れていた記憶があります。

テトリスのブロックの種類を数える問題☆☆☽

テトリスは，いろいろな形のブロックを組み合わせて積んでいき，横に一列揃ったら消えるという単純なルールの，しかし，以外と奥が深いゲームです（著者も昔かなりやりこみました）。

1つのブロックはどれも4つの正方形でできていますが，テトリスにはその4つの正方形で構成される部品の形がすべて現れます。

そのテトリスのブロックの種類を列挙してみます！　数え上げのよい練習問題です。

問題

(1) 4つの正方形を辺にそってつなげてできる図形は何種類か（テトリミノの数を数えよ）。

(2) 正方形の数が5つの場合は何種類か（ペントミノの数を数えよ）。

ただし，回転で重なるものは同じものとみなします（折り返しで重なるだけでは同じとはみなさない）。

4ブロックの場合は比較的簡単ですが，5ブロックの場合は数学オリンピックの予選の前半とかで出題されそうなレベルです。

テトリミノは全部で7種類

もれなく重複なく数えるために，「最大直線の長さで場合分け」して列挙していきます。

4ブロック（テトリミノ）の場合の列挙

- 最大直線の長さ4（1タイプ，1種類）

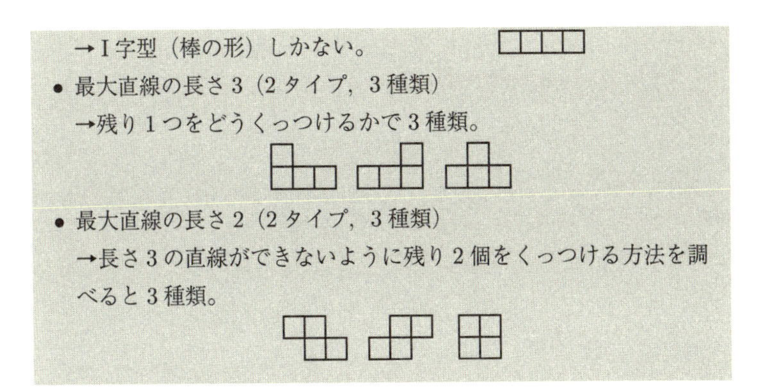

→I字型（棒の形）しかない。

- 最大直線の長さ3（2タイプ，3種類）

→残り1つをどうくっつけるかで3種類。

- 最大直線の長さ2（2タイプ，3種類）

→長さ3の直線ができないように残り2個をくっつける方法を調べると3種類。

テトリミノは全部で7種類でした！

注意 適当に列挙してたまたま7種類当たるのではダメです。このタイプの問題では全部調べてこれ以外ない！と言い切れるようになりましょう。

ペントミノは全部で18種類

いよいよ5ブロックの場合です！

考え方はテトリミノの場合とほぼ同じですが，最大直線の長さが3のときが厄介なので後回しにします。

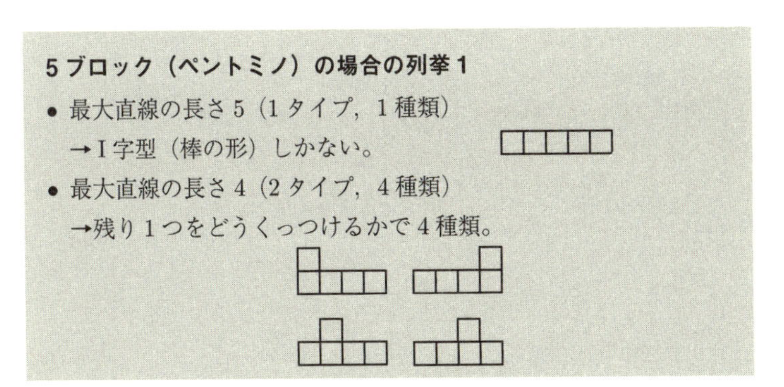

5ブロック（ペントミノ）の場合の列挙1

- 最大直線の長さ5（1タイプ，1種類）

→I字型（棒の形）しかない。

- 最大直線の長さ4（2タイプ，4種類）

→残り1つをどうくっつけるかで4種類。

- 最大直線の長さ2（1タイプ，1種類）
  →長さ3以上の直線を作らないようにつなげるのは下の1種類しかない。

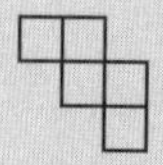

ここから最大直線の長さが3のものを列挙します。長さ3の棒を基準にして残り2つをどうつけるか数えます。全部で8タイプ12種類もあります！

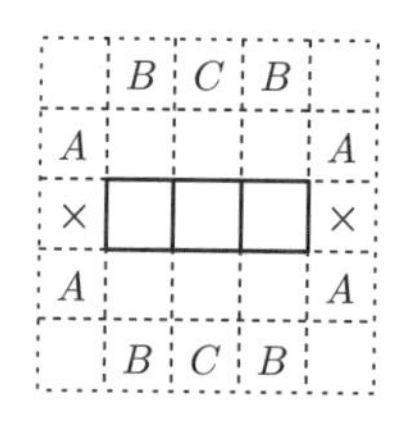

5ブロック（ペントミノ）の場合の列挙2

- Aの部分を使うもの →2種類。

- Bの部分を使うもの →1種類。

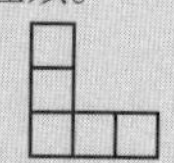

- Cの部分を使うもの →1種類。

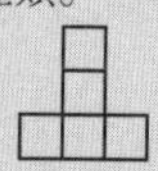

- A, B, Cどれも使わないもの
  →残り2つが両方とも同じ側にくるのが3種類，

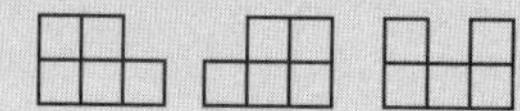

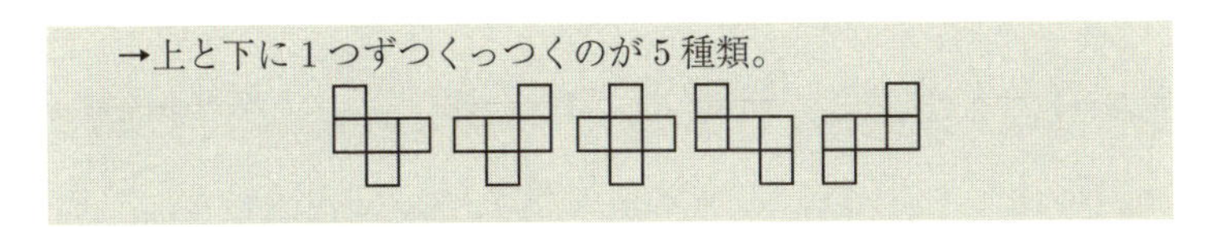

ペントミノは全部で18種類でした！

数え上げに関する教訓

- 一気に全部数えようとしてキツい場合は，何かの特徴（上の例では最大直線の長さ）で場合分けして数えていくともれにくい。
- 特徴で場合分けしてもなお種類がたくさんあるグループ（上の例ではペントミノ，長さ3の場合）については，さらに別の特徴に注目して場合分けするともれにくい。

一言コメント

ちなみにブロック6個の場合（ヘキサミノ）は60種類あります。

第2章

教科書にある公式たちへのちょっと違ったアプローチ

覚えておくと便利な三角比の値☆

15° と 18° の三角比

$$\sin 15^\circ = \frac{\sqrt{6}-\sqrt{2}}{4}$$

$$\cos 15^\circ = \frac{\sqrt{6}+\sqrt{2}}{4}$$

$$\tan 15^\circ = \frac{\sqrt{6}-\sqrt{2}}{\sqrt{6}+\sqrt{2}} = 2-\sqrt{3}$$

$$\sin 18^\circ = \frac{\sqrt{5}-1}{4}$$

15°の倍数の三角比の値

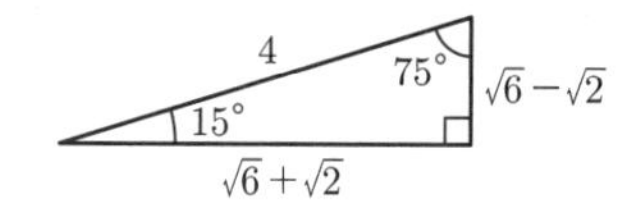

15° の三角比の値は頭に入れておくとよいです。三角比そのものの値を覚えるというよりも，むしろ「15°, 75°, 90°」の直角三角形の辺の比は $4:\sqrt{6}+\sqrt{2}:\sqrt{6}-\sqrt{2}$ と覚えておきましょう。この辺の比だけ覚えておけば，一瞬で図が書けるので式も導けます。もちろん，半角の公式および $\cos 30^\circ$ の値から上記の式は導くことができますし，1 分以内に導けるようになっておくべきですが，値そのものを覚えておくと時間短縮になります。

18°の倍数の三角比の値

こちらは値を覚えるというよりも，導き方を覚えましょう。「18° の倍数の三角比の値は簡単に求めることができる」という事実を知っていることが重要です。ここでは，$\sin 18^\circ$ の値を代数的な計算で求める方法と，図形的に求める方法を紹介します。

導出 1：三角関数の公式を用いる

$18^\circ = \theta$ とおく。$\sin 54^\circ = \cos 36^\circ$ より，$\sin 3\theta = \cos 2\theta$

両辺を 3 倍角の公式，倍角の公式を用いて $\sin\theta$ のみの式にすると，

$-4\sin^3\theta + 3\sin\theta = 1 - 2\sin^2\theta$

この 3 次方程式を解くと，$\sin\theta = 1, \dfrac{-1\pm\sqrt{5}}{4}$

$0 < \sin\theta < 1$ より，$\sin 18^\circ = \dfrac{\sqrt{5}-1}{4}$

ちなみに，$\cos 18^\circ$ も求めることができますが，二重根号が出てきます。

導出 2：三角形の相似を利用する

図のように頂角 A が 36° であるような二等辺三角形 ABC を考える。

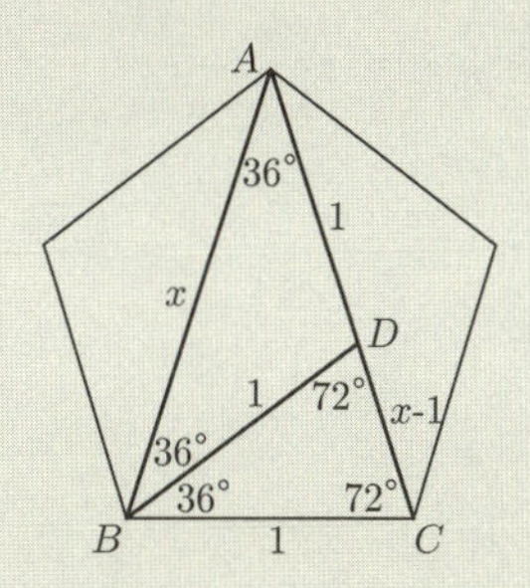

$AB = AC = x$, $BC = 1$ とする。$\angle ABC$ の二等分線と辺 AC との交点を D とおくと，$\angle ABD = \angle BAD = 36^\circ$, $\angle BCD = \angle BDC = 72^\circ$ となる。

よって，$AD = BD = BC$ より，$CD = x - 1$

また，三角形 ABC と三角形 BCD は相似なので，$AB : BC = BC :$

CD から $x:1=1:x-1$
となり，x についての2次方程式：$x^2-x=1$ を得る。
$x>0$ の解を求めて，$x=\dfrac{1+\sqrt{5}}{2}$
よって，$\sin 18^\circ=\dfrac{\frac{1}{2}BC}{AB}=\dfrac{1}{1+\sqrt{5}}=\dfrac{\sqrt{5}-1}{4}$

実は，点 A,B,C は正五角形の3つの頂点となっています。x は1辺の長さが1の正五角形の対角線の長さを表しており，有名な黄金比が登場します。なお，トレミーの定理（→ p.122, ㉙）を使って求めることもできます。

一言コメント

相似を使った正五角形の対角線の長さの導出は，中学生にも理解できる & それなりに難しい & 美しい話題なので好きです。

13 ヘロンの公式の証明と使用例☆

三角形の3辺の長さから素早く面積を求める公式です。

ヘロンの公式： 3辺の長さが a, b, c の三角形の面積 S は，

$$S=\sqrt{s(s-a)(s-b)(s-c)} \quad \text{ただし，} s=\frac{a+b+c}{2}$$

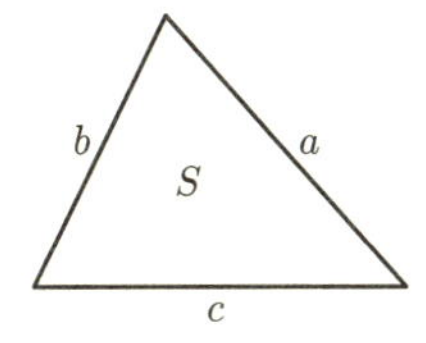

ヘロンの公式を用いるときは，まず s を計算してから面積 S を計算するという流れになります。

 ヘロンの公式の使用例

ヘロンの公式を証明する前に，まずは具体例を2問解説します。各辺の長さが整数のときは非常に強力な公式です。

例題1： 3辺の長さが5,6,7であるような三角形の面積を求めよ。

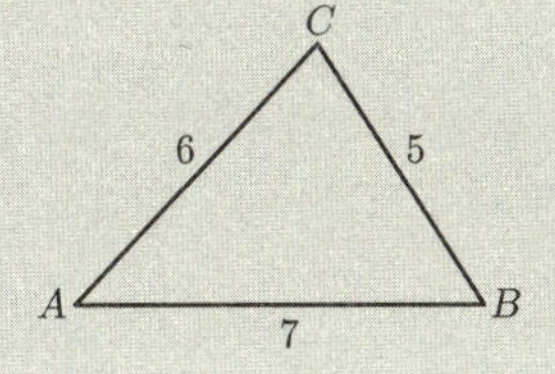

解答：$a=5, b=6, c=7$ としてヘロンの公式を用いる。
まず s を求める：

$$s=\frac{5+6+7}{2}=9$$

そして面積を計算する：

$$\begin{aligned}S&=\sqrt{9(9-5)(9-6)(9-7)}\\&=\sqrt{9\cdot4\cdot3\cdot2}\\&=6\sqrt{6}\end{aligned}$$

例題2：3辺の長さが $6, 7, 10$ であるような三角形の面積を求めよ。
解答：$a=6, b=7, c=10$ としてヘロンの公式を用いる。
まず s を求める：

$$s=\frac{6+7+10}{2}=\frac{23}{2}$$

そして面積を計算する：

$$\begin{aligned}S&=\sqrt{\frac{23}{2}\left(\frac{23}{2}-6\right)\left(\frac{23}{2}-7\right)\left(\frac{23}{2}-10\right)}\\&=\sqrt{\frac{23}{2}\cdot\frac{11}{2}\cdot\frac{9}{2}\cdot\frac{3}{2}}\\&=\frac{3}{4}\sqrt{759}\end{aligned}$$

$\sqrt{759}$ というひどい数字が登場しました。例題2をヘロンの公式なしで解こうとすると，かなり煩雑な計算を行うことになります。

ヘロンの公式の証明

証明方法はいろいろありますが，ここでは余弦定理を用いて素直に計算する方法を紹介します。

方針

面積公式→サインをコサインに変換→余弦定理でコサインを辺の長さに変換。これで S を a, b, c のみの式で表せます。あとは式を地道に整理して因数分解するだけです。

証明

$$
\begin{aligned}
S &= \frac{1}{2}ab\sin C \\
&= \frac{1}{2}ab\sqrt{1-\cos^2 C} \\
&= \frac{1}{2}ab\sqrt{1-\left(\frac{a^2+b^2-c^2}{2ab}\right)^2} \\
&= \frac{1}{4}\sqrt{(2ab)^2-(a^2+b^2-c^2)^2} \qquad \cdots\cdots(*) \\
&= \frac{1}{4}\sqrt{(2ab+a^2+b^2-c^2)(2ab-a^2-b^2+c^2)} \\
&= \frac{1}{4}\sqrt{\{(a+b)^2-c^2\}\{c^2-(a-b)^2\}} \\
&= \frac{1}{4}\sqrt{(a+b+c)(a+b-c)(a-b+c)(-a+b+c)} \\
&= \sqrt{\frac{(a+b+c)}{2}\frac{(-a+b+c)}{2}\frac{(a-b+c)}{2}\frac{(a+b-c)}{2}} \\
&= \sqrt{s(s-a)(s-b)(s-c)}
\end{aligned}
$$

辺の長さが無理数の場合

各辺の長さが無理数のときは s が汚らしい値になってしまうので，ヘロンの公式は使えません。しかし，辺の長さが無理数でも $\sqrt{n}$ という形なら以下の式を用いることで，それなりに素早く計算できます：

$$S=\frac{1}{4}\sqrt{2(a^2b^2+b^2c^2+c^2a^2)-(a^4+b^4+c^4)}$$

（ヘロンの公式の証明の途中式（$*$）のルートの中身を整理することで得られます）

例題3： 3辺の長さが $\sqrt{5},\sqrt{7},3$ であるような三角形の面積を求めよ。

解答： $s=\dfrac{\sqrt{5}+\sqrt{7}+3}{2}$ となりヘロンの公式は使えない（煩雑になる）。

ここで，$a^2=5,b^2=7,c^2=9$ として上記の公式を用いると，

$$S=\frac{1}{4}\sqrt{2(35+63+45)-(25+49+81)}=\frac{\sqrt{131}}{4}$$

補足

円に内接する四角形についても似たような公式（ブラーマグプタの公式）が成立します。

具体的には，円に内接する四角形 $ABCD$ について

$$AB=a,BC=b,CD=c,DA=d,s=\frac{a+b+c+d}{2}$$

とおくと，面積は

$$S=\sqrt{(s-a)(s-b)(s-c)(s-d)}$$

となります。

ヘロンの公式はブラーマグプタの公式で $d=0$ としたものと一致します。これは，円に内接する四角形 $ABCD$ で D を A に限りなく近づけると，もはや三角形とみなせることから説明できます。

一言コメント

円に内接する五角形でも似たような公式が成り立ってほしいですね。ただ，円に内接する五角形は辺の長さを与えても 1 通りに定まらないので，そのまま拡張することは難しそうです。

14 グラフの平行移動の証明と例☆☽

グラフの平行移動の公式：$y=f(x)$ のグラフを x 軸方向に a，y 軸方向に b だけ平行移動させたグラフは

$$y-b=f(x-a)$$

である。

非常に簡単な公式ですが，応用範囲が広く導出方法が非常に重要なので紹介します。

グラフの平行移動の公式の考え方

平行移動の公式はさまざまな場所で出現するので，公式を丸暗記しておくとよいでしょう。しかし，導出方法も非常に重要なので，きちんと説明できるようになっておきましょう（なぜ，$x\to x+a$ ではなく，$x\to x-a$（マイナス符号がつく）となるのか，その理由をきちんと理解しておきましょう）。

平行移動に限らず，拡大縮小，対称移動，回転などグラフの変換に関する公式は，全て以下の3手順で示すことができます。

方針

(1) $y=f(x)$ 上の点 (x,y) を「変換」した点を (X,Y) とおき，X,Y をそれぞれ x,y で表す。

(2) x,y について解く。

(3) $y=f(x)$ に代入して X,Y の関係式を求める。

グラフの平行移動の公式の証明

証明

(1) (x, y) を平行移動して (X, Y) になったとする。平行移動という変換の定義より，$X=x+a, Y=y+b$

(2) x, y について解く：$x=X-a, y=Y-b$（ここでマイナス符号が登場！）

(3) $y=f(x)$ に代入して X, Y の関係式を求める：$Y-b=f(X-a)$

方針がわかっていれば非常に簡単に導けます。より難しい変換（対称移動，回転など）の場合にも使える非常に重要な考え方なので，完璧に理解しておきましょう。

グラフの平行移動にまつわる重要公式たち

「平行移動」という言葉が明示的に使われていないものも含まれています。平行移動の構造を見つけたら，この公式を思い出しましょう。

● **1次関数**：傾きが m で (a, b) を通る直線の方程式は（原点を通る傾き m の直線を平行移動させたものなので），

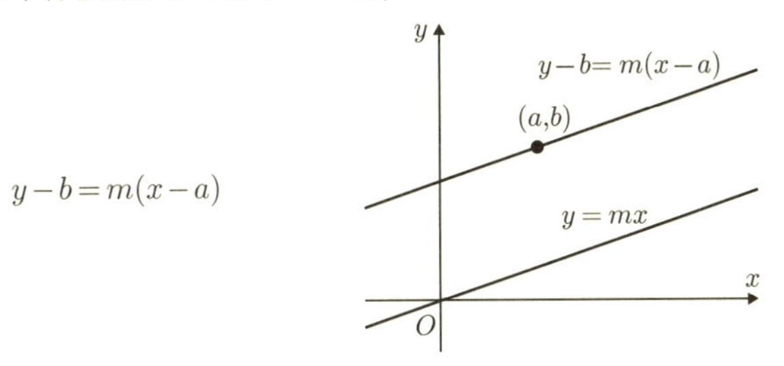

●**2次関数**：$y=ax^2$ を平行移動させたグラフで頂点が (p,q) となるものは，

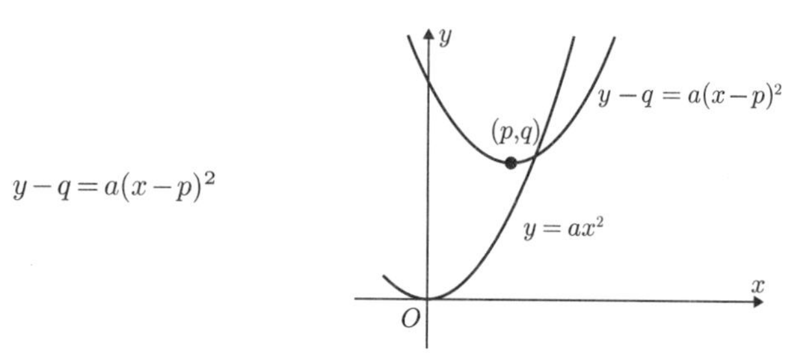

●**円**：中心 (a,b)，半径 r の円の方程式は，

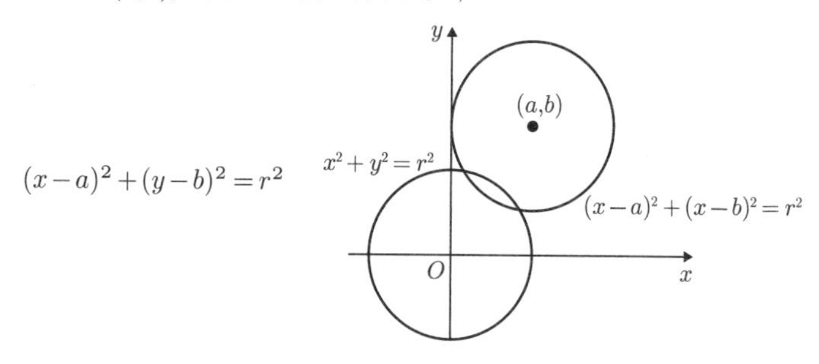

★**その他**：分数関数，無理関数，楕円，双曲線などのグラフを書くときも，「原点を中心にした基本的なものを平行移動させる」と考えればスッキリすることが多いです。

たとえば，数III で習う1次分数関数 $y=\dfrac{ax+b}{cx+d}$ のグラフは反比例のグラフを平行移動したものと見ることができます。

一言コメント

平行移動や拡大，回転で一致するものを「仲間」とみなせば，2次関数は全て仲間です。円と楕円も「仲間」です。高校数学で登場するグラフ（図形）にはたくさんの「仲間」の関係があります。

15 指数関数のグラフの2通りの描き方☆

指数関数のグラフの描き方 (1)： 指数関数のグラフは，以下の３点を調べて，それをいい感じにつなげれば簡単に描ける。

- x が十分小さいとき（$x \to -\infty$）
- $x=0$ のとき
- x が十分大きいとき（$x \to \infty$）

$y=a^x\,(a>1)$ のグラフ

まずは一番ベーシックな指数関数 $y=a^x$ $(a>1)$ について考えます。

例題 1： $y=2^x$ のグラフの概形を描け。

解答：

- x が十分小さいとき（たとえば $x=-100$ としてみる），y は 0 に近い
- $x=0$ のとき，$y=1$
- x が十分大きいとき（たとえば $x=100$ としてみる），y は爆発的に大きい

よって，以上の説明に対応する点を３つ描いてそれを「いい感じ」（→注意）につなぐとグラフが描ける。

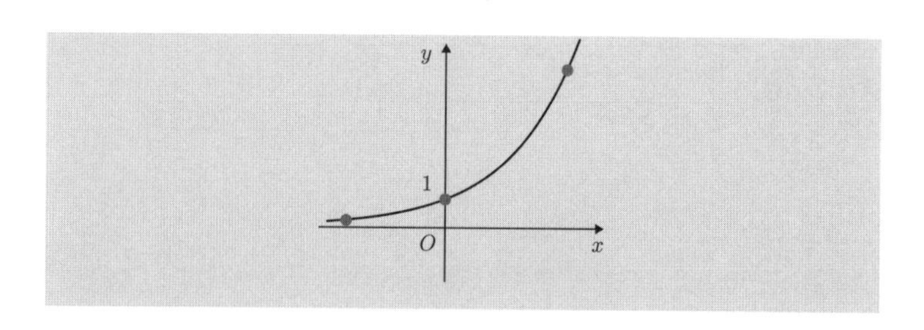

注意 「いい感じ」というのは「導関数が単調になるように」，つまり，「凹凸が途中で変化しないように」と解釈してください。

$y=a^x(a<1)$ のグラフ

$a<1$ の場合の2通りの考え方を解説します。

例題2： $y=\left(\frac{1}{3}\right)^x$ のグラフを描け。

解答（描き方 (1) による）：

- x が十分小さいとき，y は爆発的に大きい
- $x=0$ のとき，$y=1$
- x が十分大きいとき，y は0に近い

以上より，グラフの概形は図のようになる。

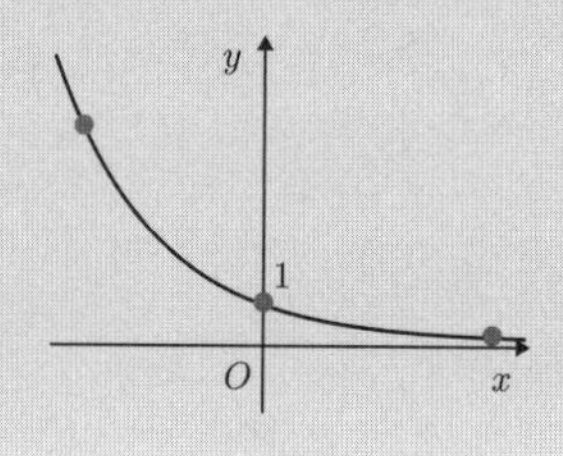

続いて例題2の別解です。

指数関数のグラフの描き方 (2)：$y=a^x\ (a>1)$ のグラフの形状を覚えておけば，それをもとに（平行移動，対称移動，拡大などにより）さまざまなグラフを描くことができる。

例題 2 の別解（描き方 (2) による）： 例題 2 の関数は $y=3^{-x}$ と書けるので，$y=3^x$ のグラフを y 軸に関して対称移動させればよい。

 $y=f(-x)$ のグラフを y 軸に関して対称移動させると $y=f(x)$ のグラフになります。これは平行移動の場合（→ p.64, ⑭）と同様の考え方からわかります。

指数関数のグラフ（発展）

次はだいぶ複雑な関数です。

例題 3： $y=1+2\cdot3^{x-1}$ のグラフを描け。

解答（描き方 (1) による）：

- x が十分小さいとき，y は 1 に近い
- $x=0$ のとき，$y=\dfrac{5}{3}$
- x が十分大きいとき，y は爆発的に大きい

以上より，グラフの概形は図のようになる。

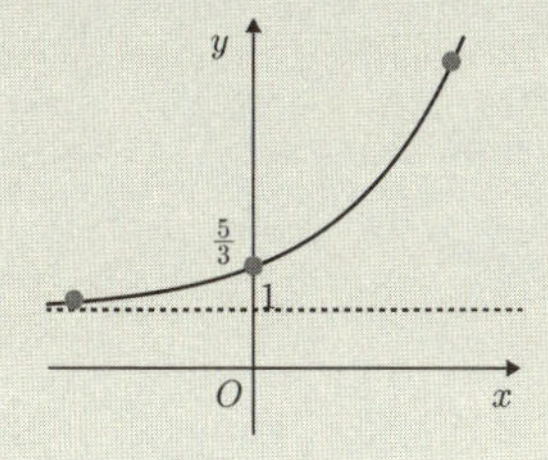

例題3の別解（描き方(2)による）：$y=3^x$ のグラフは簡単に描ける。これを y 軸方向に2倍に拡大すると $y=2\cdot 3^x$
これを x 軸方向に1，y 軸方向に1平行移動させると $y-1=2\cdot 3^{x-1}$ となり，例題3の関数となる。

結論

指数関数 $y=p+qr^{sx+t}$ のグラフは描き方(1)でも描き方(2)でも描くことができます。描き方(1)の方がやや素早くできるのでオススメです。ただし，平行移動，拡大，対称移動の考え方は非常に重要なので，描き方(2)も理解しておくべきです。

一言コメント
なんでもかんでも微分するのではなくて，簡単な関数のグラフは微分なしで概形を描けるようにしておきましょう。

16 部分分数分解の3通りの方法☆☆

部分分数分解：分母が因数分解されているような分数はいくつかの分数に分解できる。

具体例を通じて3通りの方法を比較しながら解説します。

(1) 分母を払って係数を比較する

(2) 分母を払って数値を代入する

(3) 形を見て直感で分解する

方法1：分母を払って係数を比較する

一番簡単な例から解説します。

例題1：$\dfrac{1}{(x-2)(x-5)}$ を部分分数分解せよ。

解答：$\dfrac{1}{(x-2)(x-5)}=\dfrac{a}{x-2}+\dfrac{b}{x-5}$ と分解できる（→注意）。

両辺の分母を払うと，$1=a(x-5)+b(x-2)$

これが恒等式となるので係数を比較して，

$$0=a+b, 1=-5a-2b$$

これを解くと $a=-\dfrac{1}{3}, b=\dfrac{1}{3}$ となるので，

$$\frac{1}{(x-2)(x-5)}=\frac{1}{3}\frac{1}{x-5}-\frac{1}{3}\frac{1}{x-2}$$

注意 $\dfrac{1}{(x-x_1)(x-x_2)}$ が $\dfrac{a}{x-x_1}+\dfrac{b}{x-x_2}$ と分解できることは証明なしで用

いてもよいです。

この方法は以下のような複雑な例でも使えますが，計算が大変です。

例題2： $\dfrac{1}{(x-1)^2(x-2)}$ を部分分数分解せよ。

解答： $\dfrac{1}{(x-1)^2(x-2)}=\dfrac{a}{x-1}+\dfrac{b}{(x-1)^2}+\dfrac{c}{x-2}$ と分解できる（→注意）。

分母を払うと，

$$1=a(x-1)(x-2)+b(x-2)+c(x-1)^2$$

少し複雑だががんばって展開して係数比較すると，

$$0=a+c, 0=-3a+b-2c, 1=2a-2b+c$$

これを解くと，

$$a=-1, b=-1, c=1$$

注意 $\dfrac{1}{(x-x_1)^2(x-x_2)}$ が $\dfrac{a}{x-x_1}+\dfrac{b}{(x-x_1)^2}+\dfrac{c}{x-x_2}$ と分解できることは証明なしで用いてもよいです。

この方法のメリット

- 部分分数分解の全てのパターンに使える
- 多くの教科書に乗っている最も定番の手法

この方法のデメリット

- 計算がめんどくさい

方法2：分母を払って数値を代入する

方法1ほどではありませんが，この方法も定番です。

例題 1 の別解 分母を払うところまでは同じ：

$$1=a(x-5)+b(x-2)$$

ここで，$x=5$ を代入すると，$1=3b$，つまり $b=\frac{1}{3}$，
$x=2$ を代入すると，$1=-3a$，つまり $a=-\frac{1}{3}$ がわかる。

例題 2 の別解 分母を払うところまでは同じ：

$$1=a(x-1)(x-2)+b(x-2)+c(x-1)^2$$

$x=0,1,2$ を代入して，

$$1=2a-2b+c, 1=-b, 1=c$$

これを解いて，$a=-1, b=-1, c=1$

この方法のメリット

- 部分分数分解の全てのパターンに使える

この方法のデメリット

- 計算が少しめんどうだが，方法 1 よりはかなり楽

方法 3：形を見て直感で分解する

例題 1 のような単純な形：$\dfrac{p}{(x-q)(x-r)}$ なら直感で分解できます。

例題 1 の別解 $\dfrac{1}{(x-2)(x-5)}$ の分母に着目して，分数の引き算をつくってみる：

$$\frac{1}{x-5}-\frac{1}{x-2}=\frac{x-2-x+5}{(x-2)(x-5)}=\frac{3}{(x-2)(x-5)}$$

両辺を 3 で割ると求める部分分数分解を得る。

もう少し複雑な形でも因数が 2 つならこの方法が使えます。

例題 3： $\frac{5}{(2x-1)(2-x)}$ を部分分数分解せよ。

解答： 分母に着目して分数の引き算をつくってみる（通分したときに分子の x の項が消えるように x の係数を見ながら調整）：

$$\frac{2}{2x-1}-\frac{1}{x-2}=\frac{2x-4-2x+1}{(2x-1)(x-2)}=\frac{-3}{(2x-1)(x-2)}$$

両辺を $\frac{5}{3}$ 倍すると求める部分分数分解を得る：

$$\frac{5}{3}\left(\frac{2}{2x-1}-\frac{1}{x-2}\right)=\frac{5}{(2x-1)(2-x)}$$

この方法のメリット

- 計算がとても楽
- 実戦で登場する多くの問題は方法 3 が使える形

この方法のデメリット

- $\frac{p}{(x-q)(x-r)}$ の形にしか使えない

一言コメント

部分分数分解は大学に入ってからも大活躍します。気になる方は「ラプラス変換」について調べてみてください。

因数分解公式（n 乗の差，和）☆

n 乗の差の因数分解公式

$$a^n - b^n = (a-b)(a^{n-1} + a^{n-2}b + \cdots + ab^{n-2} + b^{n-1})$$

特に $n=2,3$ の場合の公式は高校数学の教科書にも載っているので見たことがあると思います。

差の公式：$n=2,3,4$ の場合

$$n=2: a^2 - b^2 = (a-b)(a+b)$$
$$n=3: a^3 - b^3 = (a-b)(a^2 + ab + b^2)$$
$$n=4: a^4 - b^4 = (a-b)(a^3 + a^2b + ab^2 + b^3)$$

また，n が奇数の場合には $(-b)^n = -b^n$ なので，b を $-b$ に置き換えることによって n 乗の和の公式も作ることができます：

n 乗の和の因数分解公式（n が奇数の場合）

$$a^n + b^n = (a+b)(a^{n-1} - a^{n-2}b + \cdots - ab^{n-2} + b^{n-1})$$

特に $n=3$ の場合の公式はおなじみでしょう。

和の公式：$n=3,5$ の場合

$$n=3: a^3 + b^3 = (a+b)(a^2 - ab + b^2)$$
$$n=5: a^5 + b^5 = (a+b)(a^4 - a^3b + a^2b^2 - ab^3 + b^4)$$

公式の成り立ち，背景

- 単純に右辺を展開したら左辺と一致することが確認できます。因数分解公式の証明としてはこれだけで十分ですが，もう少し考察してみます。
- 以下のように等比数列の公式からも確認できます。
右辺の2つ目のカッコの中身

$$a^{n-1}+a^{n-2}b+\cdots+ab^{n-2}+b^{n-1}$$

は初項 a^{n-1}，公比 $\frac{b}{a}$，項数 n の等比数列であるので，等比数列の和の公式から

$$\begin{aligned} a^{n-1}+a^{n-2}b+\cdots+ab^{n-2}+b^{n-1} &= \frac{a^{n-1}\left(1-\left(\frac{b}{a}\right)^n\right)}{1-\frac{b}{a}} \\ &= \frac{a^n-b^n}{a-b} \end{aligned}$$

となり，両辺に $(a-b)$ をかけると因数分解公式になります。
- 因数定理からも確認できます。
公式の左辺を a の多項式と見て $P(a)=a^n-b^n$ とおくと $P(b)=0$ より，$P(a)$ は $(a-b)$ を因数として持ちます。そこで，$P(a)$ を $(a-b)$ で割ると上の公式を得ます。

応用例

$a^n \pm b^n$ の因数分解公式は整数問題の解法に登場することが多いです。

たとえば，a^n-1 が $(a-1)$ の倍数であることが瞬時にわかります。また，13^n-8^n が $13-8=5$ の倍数であることも瞬時にわかります。

また，この公式はフェルマー数の漸化式の導出にも使われます（→ p.226, ㊺）。

一言コメント

高校数学の教科書に登場する 2 次式，3 次式の因数分解公式の一般化です。教科書で扱える範囲はかなり限られていますが，このように公式を一般化することでかなり視野が広がります。

18 共役複素数の覚えておくべき性質☆

共役複素数の性質：
(1) ある複素数と共役複素数との積は非負実数。
(2) 実数を係数とする n 次方程式の解の共役複素数も解。

特に性質 (2) が重要です。導き方も含めて覚えておきましょう。

共役複素数とは

「きょうえき」ではなく「きょうやく」と読みます。

複素数 $a+bi$（ただし a,b は実数）に対して $a-bi$ を共役複素数と言います。「複素数は2つで1つのペアをなしている」と捉えることができるのです。複素数 z の共役複素数を $\overline{z}$ と表します。

例1：$\overline{2+3i}=2-3i$

例2：$\overline{2i}=-2i$

例3：$\overline{3}=3$ （実数 a の共役複素数は a 自身です）

共役複素数を上記のように定義すると，いろいろ嬉しいことがあります。この節では共役複素数に関して有名な性質を2つ紹介します。

共役複素数との積は非負実数

任意の複素数 $z=a+bi$ に対して，$z\overline{z}$ は非負実数です。

$(a+bi)(a-bi)=a^2+b^2\geqq 0$ だからです。

この性質は分母に複素数が含まれている場合の実数化をはじめ，複素数が絡む多くの問題で用いられます。基本的で当たり前な公式ですが，非常に重要です。

実数係数の n 次方程式の解の共役複素数も解

高校数学の教科書ではきちんと説明されていませんが，非常に有名な性質です。導出方法も合わせて覚えておきましょう。

> **z が解なら $\overline{z}$ も解**：実数係数の n 次方程式 $\displaystyle\sum_{k=0}^{n} a_k x^k = 0$ に関して z が解なら $\overline{z}$ も解である。

$n=2$ のときは 2 次方程式の解の公式から，実数解 2 つまたは 2 つの解が $p+qi, p-qi$（ただし，p, q は実数）という形をしていることがすぐにわかると思います。$n=3$ のときは，3 つの解が全て実数または $p+qi, p-qi, r$（ただし，p, q, r は実数）と表せるということです（重要）。

これが一般の n で成立することを示します。覚えていないと厳しいテクニカルな方法です。3 段階に分けて証明します。

証明　(i) 任意の複素数 w, z に対して，$\overline{wz} = \overline{w} \cdot \overline{z}$

これは，以下の式変形により示せる：

$$\begin{aligned}\overline{(a+bi)(c+di)} &= \overline{ac-bd+i(ad+bc)} \\ &= (ac-bd)-i(ad+bc) \\ &= (a-bi)(c-di)\end{aligned}$$

(ii) 任意の複素数 w, z に対して，$\overline{w+z} = \overline{w} + \overline{z}$

これは，以下の式変形により示せる：

$$\begin{aligned}\overline{(a+bi)+(c+di)} &= \overline{a+c+i(b+d)} \\ &= (a+c)-i(b+d) = (a-bi)+(c-di)\end{aligned}$$

(iii) z が解なら $\overline{z}$ も解

$\sum_{k=0}^{n} a_k z^k = 0$ のとき，両辺の共役複素数をとって，$\overline{\sum_{k=0}^{n} a_k z^k} = 0$

ここで，(ii) をくり返し用いる：$\sum_{k=0}^{n} \overline{a_k z^k} = 0$

さらに (i) と $\overline{a_k} = a_k$ を用いる：$\sum_{k=0}^{n} a_k \overline{z}^k = 0$

これは $\overline{z}$ がもとの方程式の解であることを表している。

証明の途中で実数 a_k の共役複素数が a_k 自身であることを用いているので，実数係数という条件は必須です。

補足

有理数係数の n 次方程式に関しても以下のように似たような定理が成立します（証明も同様の方法でできます）：
有理数係数の n 次方程式について，$a+b\sqrt{k}$ （a, b は有理数で k は平方因子を持たない正の整数）が解なら，その共役無理数 $a-b\sqrt{k}$ も解。

一言コメント

共役複素数の性質 (2) で「実数係数」という条件を忘れないように注意しましょう。複素数係数の方程式というのはあまり見かけませんが，条件を破る例をめったに見ないからこそ条件を忘れやすいのです。

2次関数の決定とその背景☆☆

> **2次関数の決定**：（ほとんどの場合）3個の条件が与えられたら2次関数が1つに決まる。また，より一般に$n+1$個の条件が与えられたらn次関数が1つに定まる。

2次関数の決定は大学受験において頻出問題です。今回はその背景を探ります。

2次関数の決定問題の3パターン

条件が3つ与えられたとき，それを満たす2次関数を求める問題を「2次関数の決定」といいます。

2次関数の決定問題はさまざまな種類がありますが，大きく分けて以下の3パターンです。適切な一般形を用いることで計算を減らす工夫をしましょう。

パターン1：

2次関数の一般形（その1）は$y=ax^2+bx+c$なので，係数を決めるためには条件が3つ必要になります。通る3点が与えられる場合が最もオーソドックスです。

例題1：$(1,0),(2,3),(3,8)$を通る2次関数を求めよ。

解答：$y=ax^2+bx+c$に通る点の座標を代入して連立方程式を解くと，$y=x^2-1$

ちなみに例題1はラグランジュの補間公式と呼ばれるテクニックを用

いても解くことができます（後述）。

パターン2：

頂点に関する条件を指定されることもあります。その場合は，2次関数の一般形（その2）：$y=a(x-p)^2+q$ を用いると計算が楽になります（当然この場合も未知変数は3つです）。

例題2：頂点の座標が $(1,1)$ で $(2,2)$ を通る2次関数を求めよ。
解答：$y=a(x-1)^2+1$ に $(2,2)$ を代入すると $a=1$ を得る。よって答えは $y=(x-1)^2+1$

頂点の座標に関する条件は x 座標，y 座標それぞれ独立なので2つ分の条件とカウントします。

パターン3：

まれに x 座標との交点を条件として指定されることもあります。その場合は，2次関数の一般形（その3）：$y=a(x-x_1)(x-x_2)$ を用いると計算が楽になります。

例題3：x 軸との交点が $(1,0)$ と $(2,0)$ で $(0,2)$ を通る2次関数を求めよ。
解答：$y=a(x-1)(x-2)$ に $(0,2)$ を代入すると $a=1$ を得る。よって答えは $y=(x-1)(x-2)$

与えられた $n+1$ 点を通る n 次関数は1つに定まる

重要な定理です。証明もできるようになっておきましょう。

n 次関数の決定 $n+1$ 点 (x_i, y_i) $(i=1,2,\cdots,n+1$，x_i は互いに異なる）を通る n 次以下の関数はただ1つ。

「n 次以下」と書いたのは，たとえば以下のような例外がありうるからです。

例外：通る3点が一直線上にある場合は，それらの点を通る2次関数は存在しない（1次関数が1つ定まる）。

ほとんどの場合は，ちょうど n 次の関数が1つ定まります。
では，定理を証明します。

証明　与えられた $n+1$ 点を通る n 次以下の関数は，ラグランジュの補間公式（後述）を用いて実際に構成できる。
よって，あとは唯一性を示せばよい。$y=f(x), y=g(x)$ が題意を満たす n 次以下の関数とすると，$f(x_i)=g(x_i)\,(i=1,2,\cdots,n+1)$ が成立する。よって，因数定理より $f(x)-g(x)$ という関数は $(x-x_i)\,(i=1,2,\cdots,n+1)$ を因数に持つ。よって，ある多項式 $h(x)$ を用いて

$$f(x)-g(x)=h(x)(x-x_1)(x-x_2)\cdots(x-x_{n+1})$$

と書ける。$h(x)$ が（多項式として）0でないと右辺が $n+1$ 次以上になってしまうので矛盾。よって，$h(x)=0$。すなわち $f(x)=g(x)$。

ちなみにこの定理は，ヴァンデルモンド行列の行列式（大学で学ぶ線形代数の知識）を用いて証明することもできます。

ラグランジュの補間公式

通る $n+1$ 点が与えられたときに n 次関数を一発で求める「ラグランジュの補間公式」を紹介します。

ラグランジュの補間公式 $(a,A),(b,B),(c,C)$（a,b,c は全て異なる）を通る2次以下の関数は，

$$y=A\frac{(x-b)(x-c)}{(a-b)(a-c)}+B\frac{(x-a)(x-c)}{(b-a)(b-c)}+C\frac{(x-a)(x-b)}{(c-a)(c-b)}$$

より一般に，$(x_1,y_1),\cdots,(x_{n+1},y_{n+1})$（$x_1,\cdots,x_{n+1}$ は全て異なる）を通る n 次以下の関数は，

$$y=\sum_{k=1}^{n+1}y_k\frac{f_k(x)}{f_k(x_k)}$$

ただし，$f_k(x)=(x-x_1)\cdots(x-x_{k-1})(x-x_{k+1})\cdots(x-x_{n+1})$

（2次関数の場合の公式について）実際に代入すれば与えられた3点を通ることが簡単に確認できます（たとえば $x=a$ を代入すると右辺第1項は A になり，残りの2項は0になるので (a,A) を通ることがわかる）。「上記の2次関数は与えられた3点を通る」+「答えは1つしかない」→ OK！というロジックです。

しかし，この公式は分数がたくさん出てきてわりと計算が大変なので，2次関数の決定問題で使うのはオススメしません。一般的な n 次関数の理論解析や難問でたまに役に立つので紹介しました。

一言コメント

ラグランジュ補間はまさに「間を補う」という感じですね。

ベクトルの内積を用いた余弦定理の証明 ☆☆

循環論法に注意！ ベクトルの内積を用いて余弦定理を証明することができるが，循環論法にならないように注意する必要がある。

循環論法とは，A であることの証明の中に，A であることを仮定した議論が含まれてしまっているような状況です。余弦定理を証明する際に，余弦定理から導かれる道具（定理）を使ってはいけません。

この節で紹介する証明方法は単純で，しかも「鋭角三角形の場合」などと場合分けする必要もありません。ただし，循環論法を防ぐための議論がやや入り組んでいます。とりあえず雰囲気だけ知りたい方は「本題：余弦定理の証明」の項をご覧ください。

循環論法を防ぐために

多くの教科書ではベクトルの内積について，以下のように扱っています。

教科書での扱い

1（内積の定義）：

$\overrightarrow{a}=(a_1,a_2), \overrightarrow{b}=(b_1,b_2)$ の内積を，$\overrightarrow{a}, \overrightarrow{b}$ のなす角 θ（$0 \leqq \theta \leqq 180°$）を用いて

$$\overrightarrow{a}\cdot\overrightarrow{b}=|\overrightarrow{a}||\overrightarrow{b}|\cos\theta$$

と定義する。

2（成分表示の導出）：

「余弦定理を使うと」上のように定義した内積は

$$a_1b_1+a_2b_2$$

と一致することがわかる。

3（分配法則の導出）：

成分表示を用いることで，分配法則

$$\overrightarrow{a}\cdot(\overrightarrow{b}+\overrightarrow{c})=\overrightarrow{a}\cdot\overrightarrow{b}+\overrightarrow{a}\cdot\overrightarrow{c}$$

がわかる。

つまり，この流儀の場合，余弦定理の証明に内積の分配法則を使ってしまうと循環論法になるのです。

余弦定理の証明に向けて

そこで「ベクトルの内積を用いて余弦定理を証明する」という目的のために，以下のような手順を踏みます。

証明の手順

Step1（内積の定義）：

内積を $\overrightarrow{a}\cdot\overrightarrow{b}=|\overrightarrow{a}||\overrightarrow{b}|\cos\theta$ で定義する。

Step2（分配法則の導出）：

成分表示を経由することなく，ベクトルの分配法則を証明する。

Step3（余弦定理の証明）：

内積の定義と分配法則を用いて余弦定理を証明する。

以下では，Step2,3 を順に解説します。

 分配法則の導出

証明

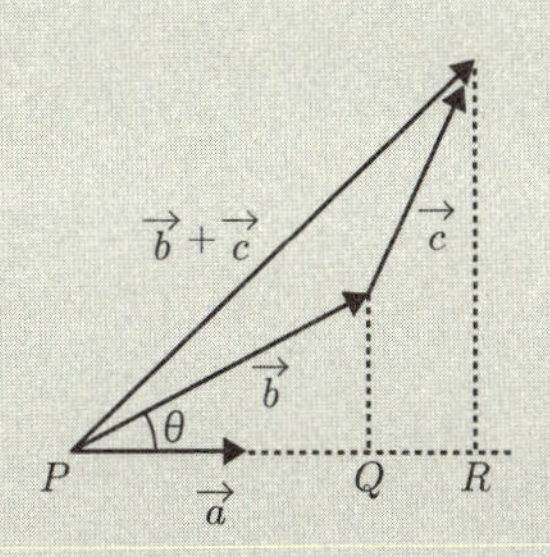

$\vec{a}$ と $\vec{b}$ のなす角を θ とおく。図のように点 P,Q,R を定める。P,Q,R がこの順に並んでいる場合を考える。

$\vec{a}\cdot\vec{b}=|\vec{a}||\vec{b}|\cos\theta=|\vec{a}|\times PQ$

同様に，

$\vec{a}\cdot\vec{c}=|\vec{a}|\times QR$

$\vec{a}\cdot(\vec{b}+\vec{c})=|\vec{a}|\times PR$

これと，$PQ+QR=PR$ より分配法則が成立する。P,Q,R の並び順が異なる場合も同様に説明できる（→**注意**）。

注意 PQ などを符号付き長さで考えると，場合分けは不要になります。

本題：余弦定理の証明

いよいよ本題，余弦定理の証明です！

三角形 ABC において，BC,CA,AB の長さをそれぞれ a,b,c とおきます。第二余弦定理：$a^2=b^2+c^2-2bc\cos A$ を証明します。

証明

$$a^2 = |\overrightarrow{BC}|^2$$
$$= |\overrightarrow{AC} - \overrightarrow{AB}|^2$$

（内積の定義を用いると）

$$= (\overrightarrow{AC} - \overrightarrow{AB}) \cdot (\overrightarrow{AC} - \overrightarrow{AB})$$

（内積の分配法則を用いると）

$$= \overrightarrow{AC} \cdot \overrightarrow{AC} + \overrightarrow{AB} \cdot \overrightarrow{AB} - 2\overrightarrow{AC} \cdot \overrightarrow{AB}$$

（もう一度内積の定義を用いると）

$$= b^2 + c^2 - 2bc\cos A$$

一言コメント

このくらいのレベルなら循環論法を避けることは難しくありませんが，非常に長い連鎖の末に循環論法になってしまっている場合，循環論法に気づくことさえ難しいです。

いろいろな三角不等式（絶対値・複素数・ベクトル）☆☆

> **三角不等式**：x の「大きさ」を $\|x\|$ と書くとき，いろいろな「大きさ」に対して，以下の不等式が成立する：
>
> $$\|x+y\| \leqq \|x\|+\|y\|$$

注意「大きさ」のことを，一般には（大学以降の数学では）ノルムと言います。

高校数学のいろいろな場面で登場する三角不等式を統一的に見てみます。

実数の絶対値の三角不等式

実数 x の「大きさ」は絶対値で測るのが自然です。実際，以下の不等式が成立します。

> **三角不等式（実数）**：任意の実数 x, y に対して
>
> $$|x+y| \leqq |x|+|y|$$

厳密に証明しようとすると意外に場合分けが煩雑です。証明の概略を以下に示します。

証明　x と y が同符号のときは左辺と右辺は等しい。
$x \geqq 0, y \leqq 0$ のとき，左辺は $x+y, -x-y$ のいずれか，右辺は $x-y$

となり右辺は左辺以上。
$x \leqq 0, y \geqq 0$ のときも同様に示せる。

複素数の絶対値の三角不等式

複素数 $z=a+bi$ の大きさは絶対値 $\sqrt{a^2+b^2}$ で測るのが自然です。実際，以下の不等式が成立します。

三角不等式（複素数）：任意の複素数 z_1, z_2 に対して

$$|z_1+z_2| \leqq |z_1|+|z_2|$$

証明は愚直に成分計算でできます。

証明　$z_1=a_1+b_1 i, z_2=a_2+b_2 i$ とおくと，
左辺の2乗は $(a_1+a_2)^2+(b_1+b_2)^2$
右辺の2乗は $a_1{}^2+b_1{}^2+a_2{}^2+b_2{}^2+2\sqrt{(a_1{}^2+b_1{}^2)(a_2{}^2+b_2{}^2)}$
よって，示すべき不等式を整理すると，

$$a_1a_2+b_1b_2 \leqq \sqrt{(a_1{}^2+b_1{}^2)(a_2{}^2+b_2{}^2)}$$

となる。これはコーシー＝シュワルツの不等式（→補足）からわかる。

補足

$$(a^2+b^2)(c^2+d^2)-(ac+bd)^2=(ad-bc)^2$$

より（p.117, ㉗ 補足，ブラーマグプタ＝フィボナッチ恒等式），

$$(a^2+b^2)(c^2+d^2) \geqq (ac+bd)^2$$

が成立します。より一般に，

$$({x_1}^2+\cdots+{x_n}^2)({y_1}^2+\cdots+{y_n}^2) \geqq (x_1y_1+\cdots+x_ny_n)^2$$

が成立します。これをコーシー＝シュワルツの不等式と言います。

ベクトルの三角不等式

ベクトル $\vec{a}=(a_1,a_2,a_3)$ の大きさは高校数学では $\sqrt{{a_1}^2+{a_2}^2+{a_3}^2}$ で測るのが一般的です。実際，以下の不等式が成立します。

> **三角不等式（ベクトル）**：3 次元のベクトル $\vec{a}, \vec{b}$ に対して，
>
> $$|\vec{a}+\vec{b}| \leqq |\vec{a}|+|\vec{b}|$$

- 証明は複素数の場合と同様に，成分計算とコーシー＝シュワルツの不等式でできます。
- 実数の三角不等式は，1 次元ベクトルの三角不等式と同じものです。
- 複素数の三角不等式は，2 次元ベクトルの三角不等式と本質的に同じものです。
- 3 次元をより高次元の n 次元ベクトルに拡張しても三角不等式が成立します。
- ベクトルの長さを $\sqrt{{a_1}^2+{a_2}^2+{a_3}^2}$ で測るのではなくて，より一般的に $\sqrt[p]{|a_1|^p+|a_2|^p+|a_3|^p}$ で測ることもできます。実はそのときにも三角不等式が成立します（ミンコフスキーの不等式と呼ばれます）。

三角不等式の差バージョン

三角不等式で $x+y=X, x=-Y$ とおき直すと $y=X+Y$ となり，以下の形になります：

$$\|X\|-\|Y\| \leqq \|X+Y\|$$

この形もけっこう使います。和のバージョンとまとめて覚えておきましょう。

「小さい順に大きさの差，和の大きさ，大きさの和」

$$\|x\|-\|y\| \leqq \|x+y\| \leqq \|x\|+\|y\|$$

注意 もちろん実数，複素数，ベクトル，なんでも使えます。

一言コメント

三角不等式は「寄り道すると総移動距離は長くなる」ことを表しています。当然成立してほしい性質ですね。ところが，三角不等式が成立しないような特殊な空間を考えることもできます。

2変数の対称式と基本対称式の4つの性質 ☆☆☽

変数を交換しても不変な多項式のことを対称式と言います。ここでは2変数の対称式を中心に，大学受験レベルで覚えておくべき性質を整理しました。

対称式と基本対称式

どの2つの変数を交換しても変わらない多項式のことを対称式と言います。

2変数の対称式の例：$P(x,y)=x^3+5x^2y+5xy^2+y^3$ は x と y を交換すると，$P(y,x)=y^3+5y^2x+5yx^2+x^3=P(x,y)$ となり，もとの多項式と変わらないので対称式である。

また，2変数の対称式の中でも

$$x+y, xy$$

を基本対称式と言います。3変数の基本対称式は

$$x+y+z, xy+yz+zx, xyz$$

の3つです。4変数の基本対称式は

$$x+y+z+w,\ xy+yz+zw+wx+xz+yw,$$
$$xyz+xyw+xzw+yzw,\ xyzw$$

の4つです。

基本対称式について覚えておくべき性質

4つとも非常に重要です。全て理解しておきましょう。

基本対称式の性質

(1) 全ての対称式は基本対称式の多項式で表せる。

(2) 特に，x^n+y^n の値は $x+y$ と xy の値がわかれば機械的に計算できる。

(3) さらに，$x^n+\dfrac{1}{x^n}$ の値は $x+\dfrac{1}{x}$ の値がわかれば機械的に計算できる。

(4) 基本対称式は「解と係数の関係」と相性がよい。

(1) は対称式の基本定理と呼ばれる非常に美しい定理です。証明は複雑なので割愛します。入試を突破するためなら事実だけ覚えておけばOKです。以下では，大学入試で頻出の性質 (2) と (3) について解説します。

x^n+y^n を基本対称式で表す漸化式

$T_n=x^n+y^n$ を $x+y$ と xy で表すことが目標です。まずは n が小さい場合でやってみます：

$$T_2=x^2+y^2=(x+y)^2-2xy$$
$$T_3=x^3+y^3=(x+y)^3-3xy(x+y)$$

このように n が小さい場合はその場で考えても作れますが，たとえば $T_7=x^7+y^7$ などとなると途方に暮れてしまいます。

そこで役に立つのが以下の恒等式です：

$$x^n+y^n=(x+y)(x^{n-1}+y^{n-1})-xy(x^{n-2}+y^{n-2})$$

つまり，$T_n=(x+y)T_{n-1}-xyT_{n-2}$ 　　$\cdots\cdots(*)$

この恒等式（漸化式）によって，「T_{n-1}, T_{n-2} が基本対称式 $x+y$ と xy で表せるなら T_n も基本対称式で表せる」ことがわかります。

よって，数学的帰納法により T_n が基本対称式で表せることがわかりました！（これは性質 (1) の特殊ケースの証明になっている）

この漸化式を知らないと厳しい問題を紹介します。

例題：$x+y=1, xy=-1$ のとき，$T_7=x^7+y^7$ を計算せよ。

解答：

$$T_2=(x+y)^2-2xy=3$$

あとは先ほどの漸化式 $(*)$ を使って黙々と計算する：

$$T_3=T_2+T_1=4$$
$$T_4=T_3+T_2=7$$
$$T_5=T_4+T_3=11$$
$$T_6=T_5+T_4=18$$
$$T_7=T_6+T_5=29$$

大学入試などで頻出のタイプ

先の T_n で $y=\dfrac{1}{x}$ とした形の問題も頻出です。

先ほどの漸化式：$T_n=(x+y)T_{n-1}-xyT_{n-2}$ において $y=\dfrac{1}{x}$ を代入すると，

$$x^n+\frac{1}{x^n}=\left(x+\frac{1}{x}\right)\left(x^{n-1}+\frac{1}{x^{n-1}}\right)-\left(x^{n-2}+\frac{1}{x^{n-2}}\right)$$

となることがわかります。

よって，先ほどと同様に $x+\dfrac{1}{x}$ がわかれば $x^2+\dfrac{1}{x^2}$ もわかり，さらに漸化式で帰納的に $x^n+\dfrac{1}{x^n}$ が求まることがわかります。

一言コメント

対称なものが美しいのはもちろんですが，歪対称（交代式のように「交換」すると -1 倍される性質）にも違った良さがあります。

1次不定方程式 $ax+by=c$ の整数解 ☆☆

1次不定方程式の整数解：

x, y に関する2元1次不定方程式 $ax+by=c$ が整数解を持つ

$\Longleftrightarrow$ c は $\gcd(a,b)$ の倍数

特に，$ax+by=1$ が整数解を持つ $\Longleftrightarrow$ a と b は互いに素

$\gcd(a,b)$ は a と b の最大公約数を表します。

方程式の整数解を求める問題の中でも1次不定方程式は非常に有名な話題で，美しい理論があります。この節では上記の公式の証明と，実際に不定方程式の一般解を求める方法を説明します。

 $ax+by=1$ についての証明

まず「$ax+by=1$ が整数解を持つ $\Longleftrightarrow$ a と b が互いに素」を証明します。

方針

$\Rightarrow$ は対偶をとれば簡単です。$\Leftarrow$ の証明は非常に有名なテクニックを使うのでまるごと覚えておくとよいでしょう。

$\Rightarrow$（の対偶）の証明　a と b の最大公約数が1でないとき，a と b の公約数を $d \geqq 2$ とおくと，$ax+by$ は d の倍数となる。よって，$ax+by=1$ は整数解を持たない。

⇐ の証明　a と b が互いに素なとき，$0, a, 2a, 3a, \cdots, (b-1)a$ を b で割った余りは全て異なる（※）ので，余りが1となるようなものが存在する。それを ma とおき，b で割った商を n とおくと，$ma = bn+1$ つまり，$am-bn=1$ となり，$(m, -n)$ が整数解になっている。

※の証明（背理法）　ia と $ja(i>j)$ を b で割った余りが同じだと仮定すると，$(i-j)a$ は b の倍数となるはずだが，$1 \leqq i-j < b$ かつ a と b は互いに素なので，これは矛盾。

$ax+by=c$ についての証明

「$ax+by=c$ が整数解を持つ $\iff$ c は $\gcd(a,b)$ の倍数」を証明します。

方針

⇒ は先ほどと同様に簡単です。⇐ も先ほどの結果からすぐにわかります。

⇒ の証明　a, b は $\gcd(a,b)$ の倍数なので，整数解 m, n に対して，$am+bn$ も $\gcd(a,b)$ の倍数。つまり，c は $\gcd(a,b)$ の倍数。

⇐ の証明　$a=p \cdot \gcd(a,b)$, $b=q \cdot \gcd(a,b)$ とおける（ただし，p, q は互いに素）。
先ほどの結果から $pm+qn=1$ は整数解を持つので両辺を $\gcd(a,b)$ 倍して，$am+bn=\gcd(a,b)$ も整数解を持つことがわかる。
よって，c が $\gcd(a,b)$ の倍数のとき，両辺を適当に整数倍すれば右辺が c となるので $ax+by=c$ は整数解を持つ。

なお，ユークリッドの互除法を用いた構成的な証明方法もあります。

1次不定方程式の解き方

1次不定方程式の一般解を求める問題は入試でも頻出です。

1次不定方程式の解き方：

(1) 上記証明中の方法，またはユークリッドの互除法，または直感で解を1つ求める。

(2) もとの方程式と引き算して $a(x-x_0)+b(y-y_0)=0$ の形にする。

(3) 一般解を求める。

具体例で説明します。

例：$3x+5y=2$

3の倍数 $3, 6, 9, 12$ の中で5で割って2余るものを見つけると12が当たり。

よって，$3\cdot 4=5\cdot 2+2$ となり，$(4, -2)$ が1つの解になっている。

元の方程式と辺々引き算して $3(x-4)+5(y+2)=0$ を得る。

3と5が互いに素なので，$x-4=5m$ とおける（m は任意の整数）。

このとき $y+2=-3m$ となり，一般解は $(x, y)=(4+5m, -2-3m)$

数字が非常に大きい問題は大学入試では出ないと思いますが，その場合は1つの解をユークリッドの互除法を用いて求めた方が速いです。どちらの方法も使えるようになっておきましょう。

一言コメント

ちなみに，2元2次の不定方程式：$ax^2+bxy+cy^2+dx+ey+f=0$ についても一応理論はありますが，かなり難しいので（簡単に解けるタイプのものを除いて）大学入試などでは出題されません。

外接円の半径と三角形の面積の関係

☆☆☆

外接円の半径と三角形の面積の関係：
3辺の長さが a, b, c の三角形の面積を S，外接円の半径を R とおくとき，以下の式が成立する。

$$S = \frac{abc}{4R}$$

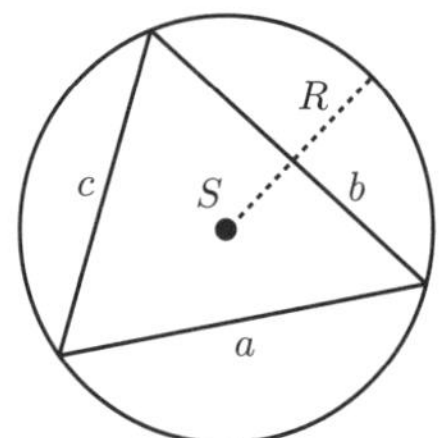

対称性があり美しい式です。大学入試でこの公式を用いて解かなければならない問題はあまり多くないですが，検算には使えます。

公式の証明

証明　正弦定理より，

$$a = 2R\sin A$$

また，三角形の面積公式から

$$S = \frac{1}{2}bc\sin A$$

以上の2式から $\sin A$ を消去して整理すると，求める公式を得る。

応用例：オイラーの不等式

先述の公式の応用例として，オイラーの不等式という非常に美しい定理の証明を行います。腕に自信のある人は証明を見る前に自力で考えてみてください（かなり難しいです）。

オイラーの不等式：三角形の外接円の半径を R, 内接円の半径を r としたとき，$R \geqq 2r$ が成立する。

証明　内接円の半径と面積の関係式から，$S=\dfrac{1}{2}r(a+b+c)$

外接円の半径と面積の関係式から，$S=\dfrac{abc}{4R}$

以上をそれぞれ R, r について解くことにより，

$$
\begin{aligned}
R-2r &= \frac{abc}{4S}-\frac{4S}{a+b+c} \\
&= \frac{abc(a+b+c)-16S^2}{4S(a+b+c)}
\end{aligned}
$$

この式の分子が非負であることを示せばよい。ヘロンの公式（→p.61, ⑬）から，

$$
\begin{aligned}
&abc(a+b+c)-16S^2 \\
&=abc(a+b+c)-(a+b+c)(a+b-c)(a-b+c)(-a+b+c) \\
&=(a+b+c)(abc-(a+b-c)(a-b+c)(-a+b+c)) \\
&=(a+b+c)\{(x+y)(y+z)(z+x)-8xyz\}
\end{aligned}
$$

ただし，式が簡単になるように

$$
a+b-c=2x, a-b+c=2y, -a+b+c=2z
$$

とおいた（すると，$a=x+y, b=z+x, c=y+z$ となる）。

よって，

$$(x+y)(y+z)(z+x)-8xyz \geqq 0$$

を示せばよい。

三角不等式より $a+b>c$ なので x の定義から $x>0$。同様に y, z も正なので，相加相乗平均の不等式より

$$x+y \geqq 2\sqrt{xy}$$
$$y+z \geqq 2\sqrt{yz}$$
$$z+x \geqq 2\sqrt{zx}$$

以上3式を辺々かけあわせて

$$(x+y)(y+z)(z+x)-8xyz \geqq 0$$

を得る。

補足

- 等号成立条件は，$x=y=z \to a=b=c$，つまり正三角形の場合です。
- 三角形の外心と内心の距離の2乗は $R(R-2r)$ であることが知られています（オイラーの定理）。この定理を認めれば，オイラーの不等式は瞬時に導かれます。
- 上記の証明からわかるように，三角形の三辺 a, b, c に対して，

$$abc-(a+b-c)(a-b+c)(-a+b+c) \geqq 0$$

が成立します。この不等式をレームス (Lehmus) の不等式といいます。

一言コメント

対称性が高いものには美しさを感じます。同じ面積を求める公式にしても「底辺×高さ ÷2」や $S=\dfrac{1}{2}ab\sin C$ よりも $S=\dfrac{abc}{4R}$ やヘロンの公式の方が美しい！

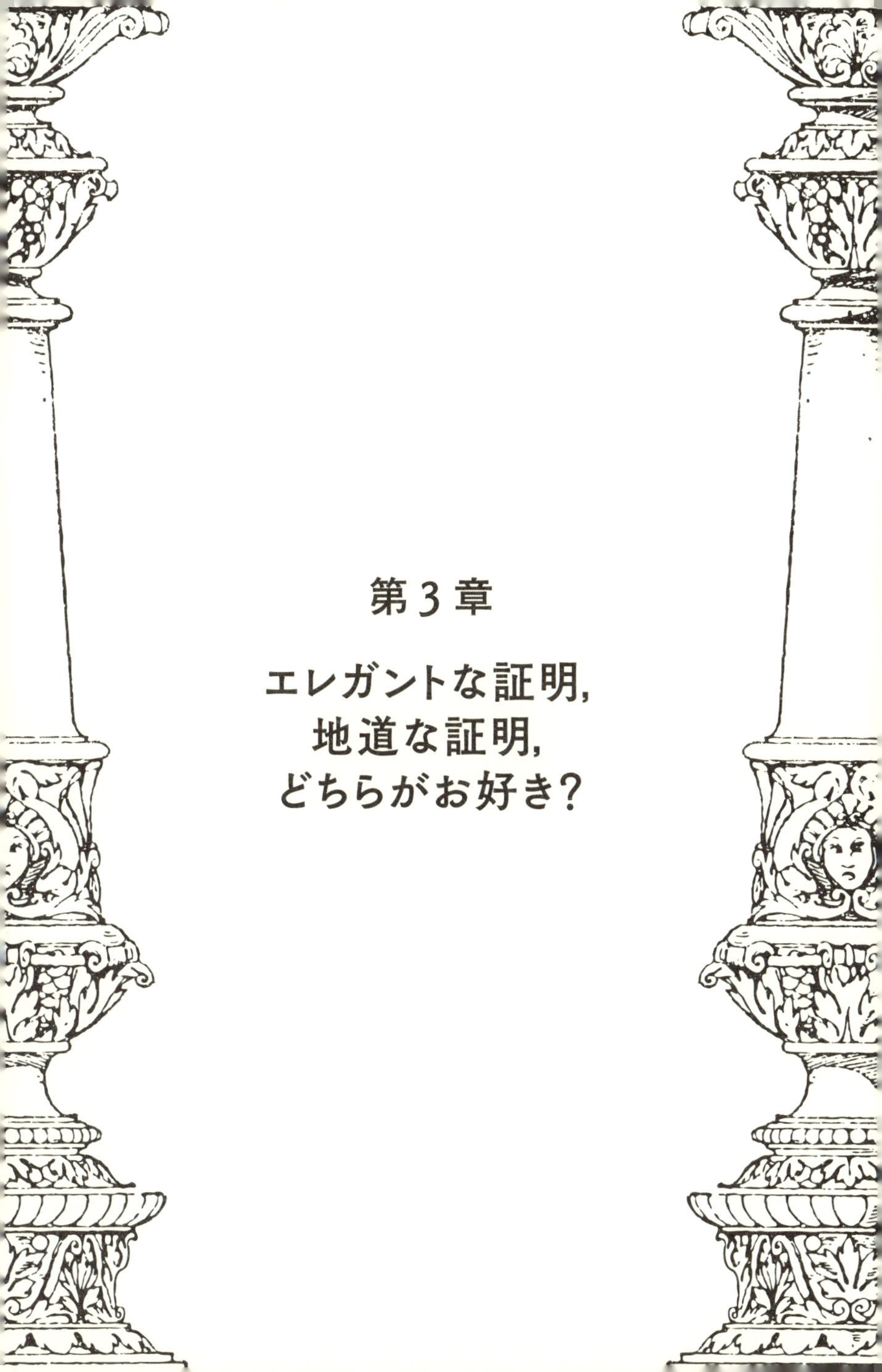

第3章

エレガントな証明，地道な証明，どちらがお好き？

点と直線の距離公式の3通りの証明☆

点と直線の距離公式：点 $A(x_0, y_0)$ と直線 $l: ax+by+c=0$ の距離は，

$$d=\frac{|ax_0+by_0+c|}{\sqrt{a^2+b^2}}$$

非常に有名でよく使う公式です。この節では点と直線の距離公式について以下の3通りの証明を解説します。座標の問題に対するさまざまなアプローチの勉強になります。

証明1：ベクトルを用いる方法（有名，自然な発想）

証明2：三角形の面積を用いる方法（エレガント，中学生でも理解できる）

証明3：d を点 A の関数と見る方法（珍しい発想，やや難しい）

ベクトルを用いた距離公式の証明

以下では A から l に下ろした垂線の足を H とします。最初は愚直な方法で，AH の長さを直接求めにいく方法です。H の座標を求めなくても法線ベクトルを用いれば簡単に計算できます。

l の法線ベクトルが (a, b) であることは簡単にわかるので前提知識として使います。

証明1　H の座標を (X, Y) とする。$\overrightarrow{AH}$ は l の法線ベクトルと平行なので実数 t を用いて，

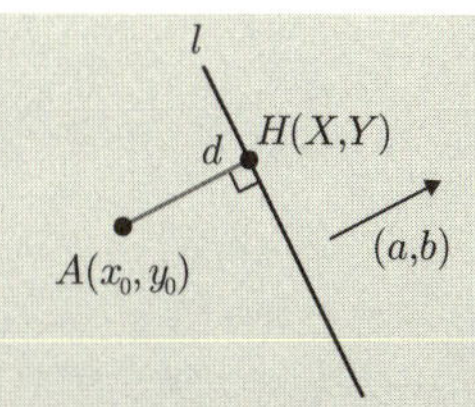

$$(X-x_0, Y-y_0)=t(a,b)$$

と表せる。あとは，H が l 上にある条件：$aX+bY=-c$ を用いて t を求めれば OK。

上式の両辺に対して (a,b) との内積をとると，

$$a(X-x_0)+b(Y-y_0)=ta\times a+tb\times b$$

である。これと $aX+bY=-c$ より，

$$-c-ax_0-by_0=t(a^2+b^2)$$

となる。$a^2+b^2\neq 0$ なので，

$$t=-\frac{ax_0+by_0+c}{a^2+b^2}$$

よって，AH の長さ，すなわち $t(a,b)$ の長さは，

$$d=|t|\sqrt{a^2+b^2}=\frac{|ax_0+by_0+c|}{\sqrt{a^2+b^2}}$$

となり，点と直線の距離公式が証明された。

三角形の面積を用いた距離公式の証明

個人的に好きな証明方法です。三角形の面積を２通りの方法で表します。

証明２　$a=0$ のとき，直線 l は $y=-\dfrac{c}{b}$ となるので，求める距離は，

$|y_0+\frac{c}{b}|$ となり距離公式は正しい。$b=0$ のときも同様。よって，以下 a, b ともに 0 でない場合を考える。

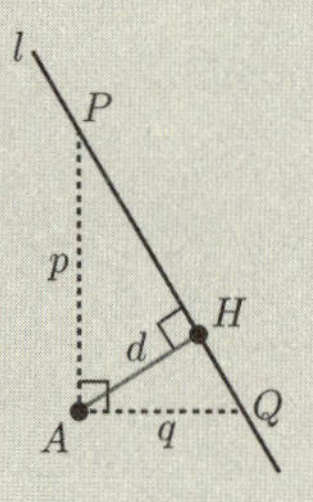

l 上に点 P, Q を「P と A の x 座標が等しく，Q と A の y 座標が等しくなる」ようにとる。
$PA=p, QA=q$ とおくと，$PQ=\sqrt{p^2+q^2}$ である。
三角形 PAQ の面積を2通りの方法で表すことにより，$\frac{1}{2}PA\cdot QA=\frac{1}{2}PQ\cdot AH$ なので，

$$\frac{1}{2}pq=\frac{1}{2}d\sqrt{p^2+q^2}$$

つまり，$d=\frac{pq}{\sqrt{p^2+q^2}}$ を得る。
直線の方程式を利用して P の y 座標を求めることにより，

$$p=\left|\frac{-c-ax_0}{b}-y_0\right|=\frac{1}{|b|}|ax_0+by_0+c|$$

同様に，

$$q=\left|\frac{-c-by_0}{a}-x_0\right|=\frac{1}{|a|}|ax_0+by_0+c|$$

となるので，これらを上式に代入して整理すると

$$d=\frac{\frac{1}{|ab|}|ax_0+by_0+c|^2}{|ax_0+by_0+c|\sqrt{\frac{1}{a^2}+\frac{1}{b^2}}}=\frac{|ax_0+by_0+c|}{\sqrt{a^2+b^2}}$$

が得られ，点と直線の距離公式が証明された。

おまけにもう１つ，距離公式の証明

d を x_0 と y_0 の関数とみなし，関数を決定していくという方法です。

証明３　直線 l を固定したとき，A の場所によって d が決まるので，d は x_0 と y_0 の関数とみなせる。まず $ax+by+c \geqq 0$ の領域に A がある場合を考える。

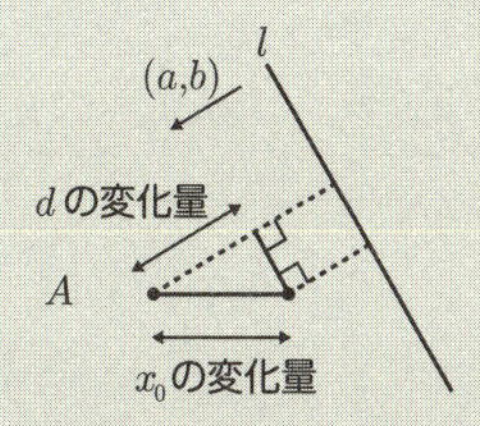

A を x 軸方向に変化させたときの d の変化量は x_0 の変化量に比例するので d は x_0 の１次関数。同様に y_0 の１次関数でもある。

よって，$d = \alpha x_0 + \beta y_0 + \gamma$ と書ける。

x_0 を $\sqrt{a^2+b^2}$ ずらすと d は a ずれるので，

$$\alpha = \frac{a}{\sqrt{a^2+b^2}}$$

同様に，

$$\beta = \frac{b}{\sqrt{a^2+b^2}}$$

また，$ax_0+by_0+c=0$ のとき，$d=0$ なので，

$$\gamma = \frac{c}{\sqrt{a^2+b^2}}$$

よって，

$$d=\frac{ax_0+by_0+c}{\sqrt{a^2+b^2}}$$

また，$ax+by+c\leqq 0$ の領域に A がある場合も同様に，

$$d=-\frac{ax_0+by_0+c}{\sqrt{a^2+b^2}}$$

となるので，点と直線の距離公式が証明された。

一言コメント

次元を 1 つ上げると点と平面の距離公式およびその証明になります。2 つ目の証明以外はそのまま 3 次元の場合にも拡張できます。2 つ目の証明も少し工夫すれば 3 次元の場合に拡張できます。

平面の方程式とその３通りの求め方

☆☆☆

平面の方程式：xyz 空間上の平面の方程式は１次式

$$ax+by+cz+d=0$$

という形で表すことができる。

この節では実際に同一直線上にない３点が与えられたときにその３点を通る平面の方程式を求める方法を３通り紹介します。方法１と方法３は平面の方程式が１次式で表される理由の説明にもなっています。どの方法でもよいので素早く計算できるようになっておきましょう！

方法 1：ベクトルの外積と法線ベクトルを用いる方法

方法 2：連立方程式を解く方法

方法 3：ベクトル方程式を用いる方法

例として，３点 $A(1,1,2), B(0,-2,1), C(3,-1,0)$ を通る平面の方程式について考えていきます。

 外積と法線ベクトルを用いる方法

レベルは高いですが，３つの中で最も計算が簡単な方法です。

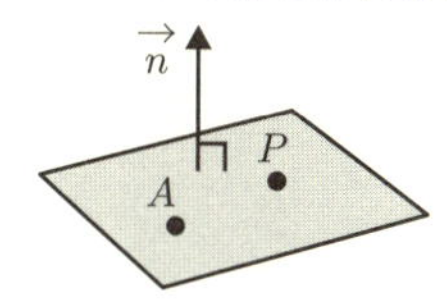

平面内の全てのベクトルはある定ベクトルと垂直になります。そのような定ベクトルを法線ベクトルと言い，$\overrightarrow{n}=(p,q,r)$ で表します。よって，平面上の任意の1点を $A(x_0,y_0,z_0)$ として，

$$
\begin{aligned}
&\text{点 } P(x,y,z) \text{ が求める平面上にある}\\
\iff &\overrightarrow{AP} \text{ と法線ベクトル } \overrightarrow{n} \text{ が垂直}\\
\iff &(\overrightarrow{AP}\cdot\overrightarrow{n}=)\ p(x-x_0)+q(y-y_0)+r(z-z_0)=0
\end{aligned}
$$

となります。これが求める平面の方程式です。

よって，法線ベクトルを求めればよいわけです。法線ベクトルは，$\overrightarrow{AB},\overrightarrow{AC}$ に垂直なベクトルで，これはベクトルの外積（→補足）を用いればすばやく求めることができます。

例：$\overrightarrow{AB}=(-1,-3,-1),\overrightarrow{AC}=(2,-2,-2)$ より
法線ベクトル $\overrightarrow{n}$ は，

$$
\begin{aligned}
\overrightarrow{n}&=\overrightarrow{AB}\times\overrightarrow{AC}\\
&=(-3(-2)-(-1)(-2),(-1)2-(-1)(-2),-1(-2)-(-3)2)\\
&=(4,-4,8)
\end{aligned}
$$

よって，求めたいものは，$\overrightarrow{n}$ に垂直で $A(1,1,2)$ を通る平面の方程式なので，

$$4(x-1)-4(y-1)+8(z-2)=0$$

となる。これを整理して，$x-y+2z-4=0$

補足

$\overrightarrow{a}=(x_a,y_a,z_a)$，$\overrightarrow{b}=(x_b,y_b,z_b)$ に対して，その外積（ベクトル）$\overrightarrow{a}\times\overrightarrow{b}$ を

$$(y_az_b-z_ay_b,z_ax_b-x_az_b,x_ay_b-y_ax_b)$$

で定めます。このとき，$\overrightarrow{a}\times\overrightarrow{b}$ は $\overrightarrow{a}$，$\overrightarrow{b}$ と垂直です（簡単な成分計算で

確かめられます)。

連立方程式を解く方法

平面上の直線の方程式は，直線上の2点を代入して連立方程式を解くことで求めることができました。それと同様に平面上の3点を代入することで，平面の方程式を求めることができます（空間の性質は平面の場合の手法を一般化できないか考えるとよい)。

未知数が4つで方程式は3つなので，連立方程式の解は1つに決まりません。dを定数と見てa, b, cについて解き，最後にdで割って整理しましょう。

例：$ax+by+cz+d=0$に$A(1,1,2), B(0,-2,1), C(3,-1,0)$を代入すると，

$$a+b+2c+d=0$$

$$-2b+c+d=0$$

$$3a-b+d=0$$

を得る。これを解いて，

$$a=-\frac{d}{4}, b=\frac{d}{4}, c=-\frac{d}{2}$$

よって求める平面の方程式は，

$$-\frac{d}{4}x+\frac{d}{4}y-\frac{d}{2}z+d=0$$

つまり，$x-y+2z-4=0$

ベクトル方程式を用いる方法

平面上の任意の点 P は，実数 s, t を用いて，

$$\overrightarrow{AP} = s\overrightarrow{AB} + t\overrightarrow{AC}$$

と表すことができます。始点を原点に直すと，

$$\overrightarrow{OP} = (1-s-t)\overrightarrow{OA} + s\overrightarrow{OB} + t\overrightarrow{OC}$$

となります。この形でも平面の方程式を表せているので答えになっています。$ax+by+cz+d=0$ の形に直したいときには，連立方程式を解いて s, t を消去しないといけないので少しめんどくさいです。

例：$P=(x, y, z)$ とおくと，上記の公式より

$$x = (1-s-t)+3t$$
$$y = (1-s-t)-2s-t$$
$$z = 2(1-s-t)+s$$

これを整理して s, t を消去すると，$x-y+2z-4=0$ を得る。

一言コメント

座標平面上の1次式は直線を表します。座標空間上の1次式は平面を表します。より一般に4次元，5次元座標空間などを考えることもできます。そのような高次元での空間内の1次式は「超平面」を表します。

2直線のなす角を求める 2通りの方法と比較☆☆

2直線のなす角：2直線のなす角は法線ベクトルと内積（cos）を用いても求めることができる。また，傾きと加法定理（tan）を用いても求めることができる。

2直線のなす角

2直線，$ax+by=0$，$cx+dy=0$ のなす角 θ を求める問題を考えます（直線を平行移動してもなす角は変わらないので，原点を通る2直線のみ考えれば十分です）。

なお，「直線（向きがない）」のなす角 θ は $0^\circ \leqq \theta \leqq 90^\circ$ です。「ベクトル（向きがある）」のなす角 θ' は $0^\circ \leqq \theta' \leqq 180^\circ$ です。

方法1：$\tan\theta$ を求める

方法2：$\cos\theta$ を求める

を解説し，最後に2つの方法を比較します。

方法1：タンジェントの加法定理でなす角を求める

- タンジェントの加法定理
- 直線の傾き $=\tan$

を使います。

2直線のなす角の公式1：

上記の問題設定のもと，2直線のなす角 θ は

$$\tan\theta = \frac{|ad-bc|}{|ac+bd|}$$

を満たす。

ただし，2直線のなす角が直角の場合，$ac+bd=0$ になり，この公式は使えません。なお，この公式は覚える必要はありません。考え方が重要です。証明は以下の例題の解答と同様にして行うことができます。

例題：2直線 $\sqrt{3}x-y=0$ と $(2-\sqrt{3})x-y=0$ のなす角 θ を求めよ。

解答：2直線の傾きは，$m_1=\sqrt{3}$ と $m_2=2-\sqrt{3}$ である。

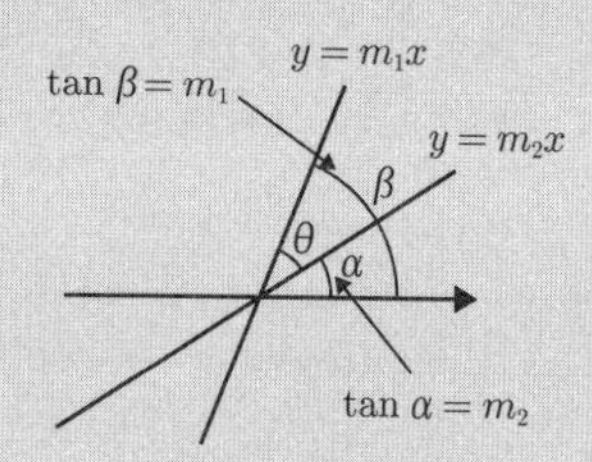

よって，タンジェントの加法定理より，

$$\tan\theta = \frac{m_1-m_2}{1+m_1m_2} = \frac{2\sqrt{3}-2}{1+\sqrt{3}(2-\sqrt{3})} = 1$$

となり，

$$\theta = 45^\circ$$

がわかる。

注意 $b=0$ または $d=0$ のときは傾きが存在しないのでこの方法では証明できませんが，上記の公式が成立することが簡単に確認できます。公式1が使えないのは $ac+bd=0$ のときのみです。

方法2：内積を用いてコサインを求める

- $ax+by=0$ の法線ベクトルは (a,b) であること
- 2直線のなす角は，それぞれの法線方向のなす角であること

を使います。

2直線のなす角の公式2：上記の問題設定のもと，2直線のなす角 θ は

$$\cos\theta=\frac{|ac+bd|}{\sqrt{a^2+b^2}\sqrt{c^2+d^2}}$$

を満たす。

この公式も覚える必要はありません。証明は以下の例題の解答と同様にして行うことができます。

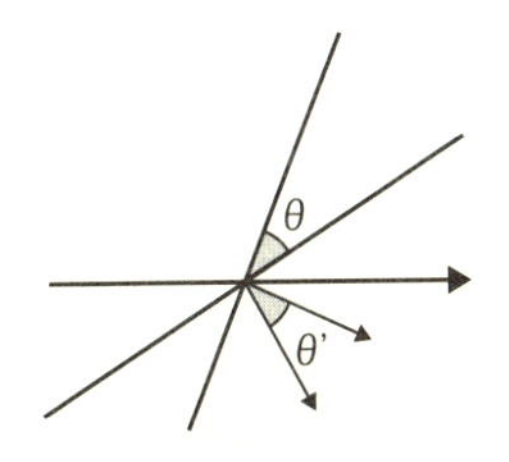

例題（再掲）：2直線 $\sqrt{3}x-y=0$ と $(2-\sqrt{3})x-y=0$ のなす角 θ を求めよ。

解答：2直線の法線ベクトルはそれぞれ $(\sqrt{3},-1)$, $(2-\sqrt{3},-1)$ であるので，これらのなす角 θ' を求めればよい（$\theta'\leqq 90^\circ$ なら $\theta=\theta'$,

$\theta' > 90^\circ$ なら $\theta = 180^\circ - \theta'$ であることに注意)。
ここで，ベクトルの内積を2通りで表すと，

$$\sqrt{3}\cdot(2-\sqrt{3})+(-1)(-1)=\sqrt{3+1}\sqrt{(2-\sqrt{3})^2+1}\cdot\cos\theta'$$

よって，

$$\cos\theta' = \frac{2\sqrt{3}-3+1}{\sqrt{3+1}\sqrt{1+(2-\sqrt{3})^2}} = \frac{2\sqrt{3}-2}{2\sqrt{2}\sqrt{4-2\sqrt{3}}}$$

ここで分母の二重根号は外せる（→ p.39, ⑧，$\sqrt{4-2\sqrt{3}}=\sqrt{3}-1$）ので，

$$\cos\theta' = \frac{1}{\sqrt{2}}$$

となる。よって2つの法線ベクトル $\overrightarrow{n_1}, \overrightarrow{n_2}$ のなす角が 45° であるので，2直線のなす角も 45°。

2つの方法の比較

方法1　（tan の加法定理）

メリット：計算が楽！

デメリット：直線の傾きが存在しない場合は別に考える必要がある

方法2　（内積，cos）

メリット：場合分け不要

デメリット：計算がしんどくなることが多い（さっきの例題でも二重根号が登場）

計算量の恩恵が大きいので，基本的に方法1を使うことをオススメします。傾きが明らかに存在する & 2直線が明らかに直交しない状況では場合分けはそもそも不要ですし，場合分けが必要な場合も簡単に処理できます。一方，やや複雑な問題では cos の方は計算が悲惨なことにな

ります。

美しい関係

最後に2つの公式の間に,

$$1+\tan^2\theta=\frac{1}{\cos^2\theta}$$

という基本的な関係式が成立していることを確認しておきます。

(確認) 公式1によると,

$$1+\tan^2\theta=1+\frac{(ad-bc)^2}{(ac+bd)^2}=\frac{(ac+bd)^2+(ad-bc)^2}{(ac+bd)^2}$$

ここでブラーマグプタ=フィボナッチ恒等式（→補足）を用いる（知らなくてもただ計算すればよいだけ）と，上式は

$$\frac{(a^2+b^2)(c^2+d^2)}{(ac+bd)^2}$$

と計算できる。これは公式2による $\cos\theta$ の逆数の2乗に等しい！

補足

$$(ac+bd)^2+(ad-bc)^2=(a^2+b^2)(c^2+d^2)$$

をブラーマグプタ=フィボナッチ恒等式と言います。

一言コメント

同じものを表す式が複数得られたときは，それらの関係を探るとおもしろい発見があることが多いです。今回は背後にブラーマグプタ=フィボナッチ恒等式があることがわかりました！

チェバの定理の3通りの証明☆☆

チェバの定理：三角形 ABC とその内部の点 P に対して，AP と BC の交点を D,BP と CA の交点を E,CP と AB の交点を F とおくとき，

$$\frac{AF}{FB}\cdot\frac{BD}{DC}\cdot\frac{CE}{EA}=1$$

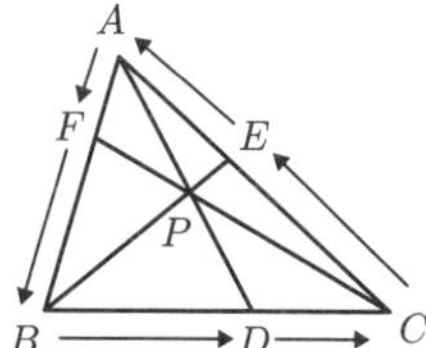

チェバの定理の逆：三角形 ABC の各辺上の点 D,E,F に対して

$$\frac{AF}{FB}\cdot\frac{BD}{DC}\cdot\frac{CE}{EA}=1$$

ならば，AD,BE,CF は1点で交わる。

三角形の周囲を一周しながら辺の比をとっていくと1になるという美しい定理です。中学数学でも習うおなじみの公式ですが，難しい定理の証明にも使われる奥が深い定理です。

この節では，チェバの定理の3通りの証明を解説します。

証明1　面積比による方法（有名，エレガント）

証明2　メネラウスの定理を用いる方法（わりとエレガント）

証明3　ベクトルによる方法（機械的に証明できる，計算が大変）

面積比を用いたチェバの定理の証明

チェバの定理の有名な証明です。

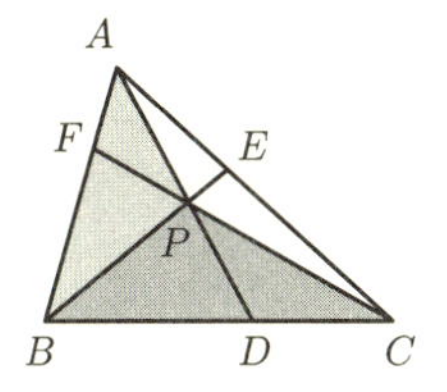

証明１　三角形 APC の面積を $|APC|$ などと書く。まず，$|APC|$ と $|BPC|$ の比を考える。底辺を PC と見ると，高さの比は $AF:FB$ と等しいので，

$$\frac{AF}{FB}=\frac{|APC|}{|BPC|}$$

が成立する。同様に，

$$\frac{BD}{DC}=\frac{|APB|}{|APC|},$$
$$\frac{CE}{EA}=\frac{|BPC|}{|APB|}$$

も成立する。この３つの式を辺々かけ合わせるとチェバの定理となる。

メネラウスの定理を用いたチェバの定理の証明

メネラウスの定理を既知とした場合のチェバの定理の証明です。

メネラウスの定理：右下の図において，

$$\frac{AD}{DB}\cdot\frac{BE}{EC}\cdot\frac{CF}{FA}=1$$

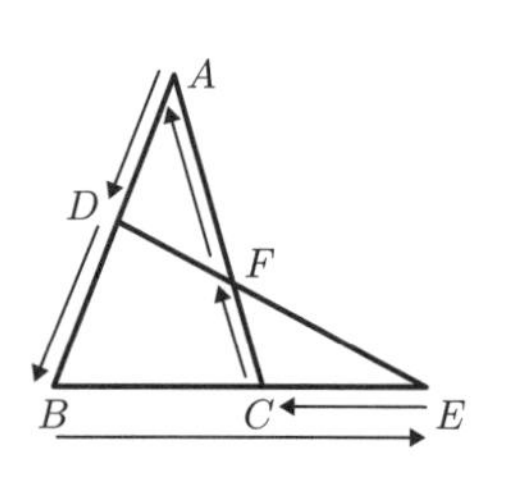

方針

メネラウスの定理を用いてチェバの定理の左辺を作り出そうとがんばると，比較的自然に以下の証明が思いつくでしょう。

証明 2　メネラウスの定理より，

$$\frac{AF}{FB}\cdot\frac{BC}{CD}\cdot\frac{DP}{PA}=1,$$
$$\frac{AE}{EC}\cdot\frac{BC}{BD}\cdot\frac{DP}{PA}=1$$

上の式 ÷ 下の式を計算すればチェバの定理となる。

ベクトルを用いたチェバの定理の証明

計算がめんどくさいですが，機械的にできます。

方針

P を三角形 ABC の内部の任意の点とし，直線 BP と AC の交点を E，CP と AB の交点を F とします。このとき，AP と BC の交点 D が定理の比の式を満たしていることを証明します。これは同時にチェバの定理の逆の証明にもなっています。

証明３　$\overrightarrow{AF}=t\overrightarrow{AB}, \overrightarrow{AE}=s\overrightarrow{AC}$ とおく。

$s, 1-s$ などは比を表す。

$$\frac{BD}{DC}=\frac{s(1-t)}{t(1-s)}$$

となることを示せばチェバの定理が示される。

まずは BE と CF の交点 P の位置を示すベクトル $\overrightarrow{AP}$ を求める。

BE のベクトル方程式は，$BP:PE=1-u:u$ として，

$$\overrightarrow{AP}=u\overrightarrow{AB}+(1-u)s\overrightarrow{AC}$$

CF のベクトル方程式は，$CP:PF=1-v:v$ として，

$$\overrightarrow{AP}=v\overrightarrow{AC}+(1-v)t\overrightarrow{AB}$$

よって，$\overrightarrow{AB}, \overrightarrow{AC}$ は一次独立なのでそれぞれの係数は等しく，$u=(1-v)t$，$v=(1-u)s$ となる。この２式から v を消去して u について解くと，

$u=\dfrac{t-st}{1-st}$ となるので，

$$\overrightarrow{AP}=\frac{t-st}{1-st}\overrightarrow{AB}+\frac{s-st}{1-st}\overrightarrow{AC}$$

よって，係数の比が

$$t-st:s-st=t(1-s):s(1-t)$$

となるので題意は示された。

一言コメント

ベクトルは計算を省略しましたが，それでもけっこう長いです。一方，図形的な考察による証明はひらめきが必要ですが美しいです。どちらも一長一短です。

トレミーの定理とその証明，応用例

☆☆☆

トレミーの定理：円に内接する四角形 $ABCD$ において，

$$AB \times CD + AD \times BC = AC \times BD$$

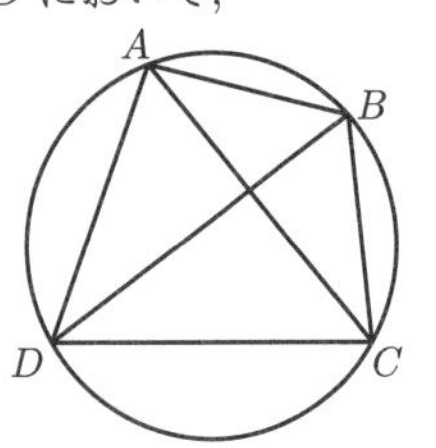

非常に美しい定理でいろいろな応用もあります。大学入試などの問題では，検算に使える場合が多いです。本節ではまず，トレミーの定理の応用例を3つ紹介し，そのあとでトレミーの定理の2通りの証明を解説します。

 トレミーの定理の応用

(1) 三平方の定理の証明

三平方の定理の証明方法は100個以上あるとも言われています（→p.17, ⑫）。そのうちの1つです。

トレミーの定理を長方形に適用すると，

$$a^2+b^2=c^2$$

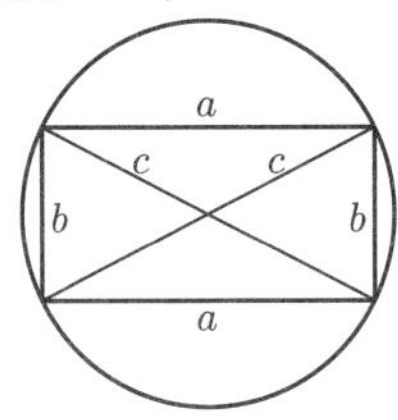

つまり，三平方の定理そのものです。

(2) 正五角形と黄金比

1 辺が 1 の正五角形の対角線の長さを x とおくと，トレミーの定理から，

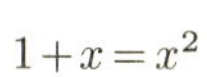

$$1+x=x^2$$

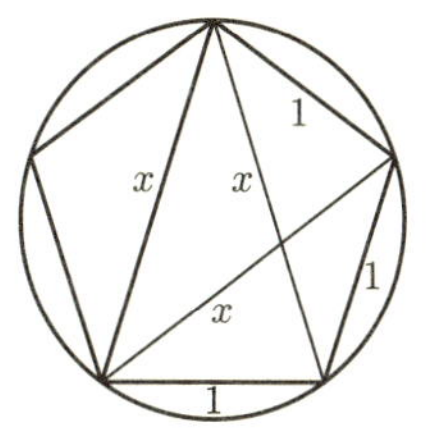

となります。これを解くと

$$x=\frac{1+\sqrt{5}}{2}$$

となり，有名な黄金比が登場します（→ p.29, ⑮）。

(3) 正三角形の場合

三角形 ABC が正三角形である場合にトレミーの定理を用いると，

$$AD+CD=BD$$

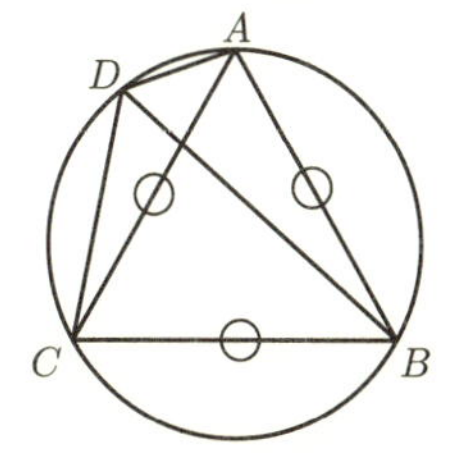

という美しい関係式が得られます。この式もわりと有名です。

ここまでが応用，ここからは証明です！

トレミーの定理の証明

(1) 対角線の長さを求める素直な証明

方針

余弦定理を用いて対角線の長さを四角形の4辺の長さで表す方法です。機械的な計算で証明できます。

証明　$AB=a, BC=b, CD=c, DA=d, AC=e, BD=f, \angle ABC=\theta(\to \angle ADC=180^\circ-\theta)$ とおく。余弦定理より，

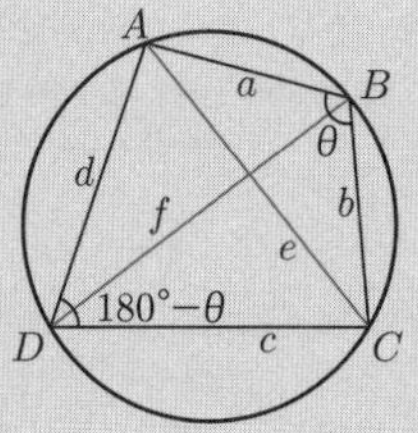

$$\frac{a^2+b^2-e^2}{2ab}=\cos\theta=-\cos(180^\circ-\theta)$$
$$=-\frac{c^2+d^2-e^2}{2cd}$$

この等式を整理して e^2 について解く：

$$e^2\left(\frac{1}{ab}+\frac{1}{cd}\right)=\frac{a^2+b^2}{ab}+\frac{c^2+d^2}{cd}$$

$$e^2=\frac{(a^2+b^2)cd+(c^2+d^2)ab}{ab+cd}$$
$$=\frac{(ac+bd)(ad+bc)}{ab+cd}$$

全く同様にして f^2 も以下のように表せる：

$$f^2=\frac{(ac+bd)(ab+cd)}{ad+bc}$$

以上２式を辺々かけ合わせて平方根をとると，

$$ef=ac+bd$$

となり，目標の式を得る。

(2) 正弦定理を用いた証明

方針

正弦定理を用いて両辺を角度の情報に変換します。そこから積和公式を用いてゴリゴリ計算します。

証明　図のように $\theta_1,\cdots,\theta_4$ を定める。

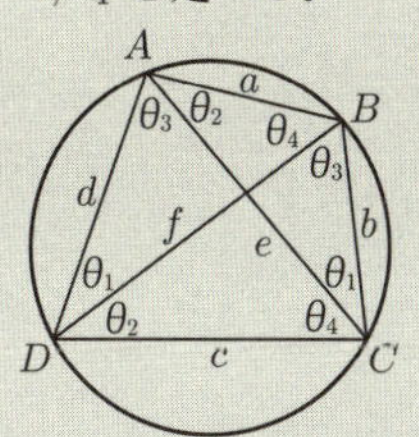

正弦定理より，四角形 $ABCD$ の外接円の半径を R とおくと

$$ac+bd=(2R\sin\theta_1)(2R\sin\theta_3)+(2R\sin\theta_2)(2R\sin\theta_4)$$

一方，三角関数の積和公式より，

$$2\sin\theta_1\sin\theta_3=\cos(\theta_1-\theta_3)-\cos(\theta_1+\theta_3)$$

$$2\sin\theta_2\sin\theta_4=\cos(\theta_2-\theta_4)-\cos(\theta_2+\theta_4)$$

また，$\theta_1+\theta_3+\theta_2+\theta_4=180^\circ$ より，

$$\cos(\theta_1+\theta_3)+\cos(\theta_2+\theta_4)=0$$

以上から，

$$ac+bd=2R^2\{\cos(\theta_1-\theta_3)+\cos(\theta_2-\theta_4)\}$$

同様に正弦定理と積和公式から，

$$\begin{aligned} ef &= 4R^2\sin(\theta_1+\theta_2)\sin(\theta_2+\theta_3) \\ &= 2R^2\{\cos(\theta_1-\theta_3)-\cos(\theta_1+2\theta_2+\theta_3)\} \\ &= 2R^2\{\cos(\theta_1-\theta_3)-\cos(180^\circ+\theta_2-\theta_4)\} \\ &= 2R^2\{\cos(\theta_1-\theta_3)+\cos(\theta_2-\theta_4)\} \end{aligned}$$

となり，

$$ac+bd=ef$$

が示された。

他にも証明方法はいくつかあります。たとえば三角形の相似を使う方法（トレミーの不等式の証明（→ p.128, ㉚）と全く同じ方法）が有名です。

一言コメント

トレミーの定理は中学数学でも主張や応用が理解できるおもしろい話題ですが，高校数学の道具を知っていればより深く理解することができます。

トレミーの不等式の証明と例題

☆☆☆☆☽

トレミーの不等式：四角形 $ABCD$ において,

$$AB \times CD + AD \times BC \geqq AC \times BD$$

等号成立条件は, 四角形 $ABCD$ が円に内接する四角形であること。

円に内接する四角形の場合, 不等式が等号で成立し, トレミーの不等式はトレミーの定理（→ p.122, ㉙）と一致します。つまり, トレミーの不等式はトレミーの定理の一般化になっています。

また, トレミーの不等式は三角不等式の四角形バージョンのようなもので, 三角不等式の次に重要な幾何不等式です。

この節では, トレミーの不等式の証明と応用例（国際数学オリンピック 1997 年 Shortlist の問題）を紹介します。

 トレミーの不等式の証明

有名な方法です。同時にトレミーの定理の証明にもなっています。

方針

$AB \times CD$ を不等式で評価するために, 辺 AB と辺 CD を含む相似な三角形を強引に作ります。最後に三角不等式を用います。

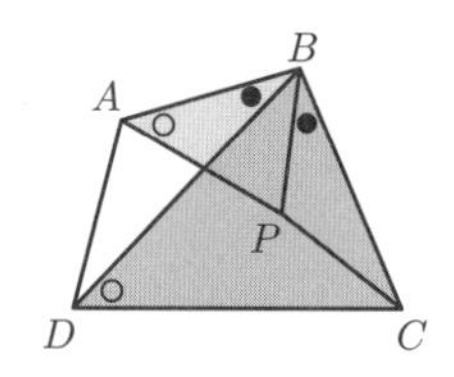

証明　三角形 ABP が三角形 DBC と相似になるように点 P をとると，

$$AB \times CD = AP \times BD$$

また，2辺の比とその間の角がそれぞれ等しいので三角形 ABD と三角形 PBC も相似である。よって，

$$AD \times BC = PC \times BD$$

以上2つの等式から，

$$AB \times CD + AD \times BC = (AP + PC) \times BD$$

これと，三角不等式

$$AP + PC \geqq AC$$

より，トレミーの不等式が示された。
また，等号成立条件は，A, P, C がこの順に1直線上にあることで，これは円周角の定理および円周角の定理の逆から A, B, C, D が同一円周上にあるという条件と同値である。

トレミーの不等式の応用例

国際数学オリンピック1997年 Shortlist の問題です。

問題： へこんでいない（凸な）六角形 $ABCDEF$ において，$AB=BC, CD=DE, EF=FA$ が成立するとき，以下の不等式を証明せよ。

$$\frac{BC}{BE}+\frac{DE}{DA}+\frac{FA}{FC}\geqq\frac{3}{2}$$

方針

幾何不等式の問題は多くの場合，三角不等式かトレミーの不等式を用います。分数 3 つの和が $\frac{3}{2}$ 以上という不等式を見てネスビットの不等式（→ p.134, ㉜）が連想できるとよいです。すると，

$$\frac{BC}{BE}\geqq\frac{a}{b+c}$$

という形の不等式を作るべきだとわかります。

解答：

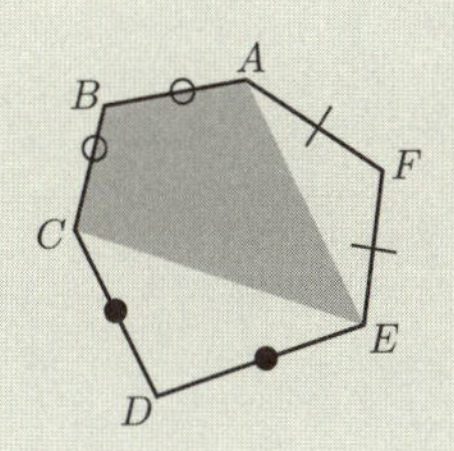

四角形 $ABCE$ にトレミーの不等式を用いる：

$$AB\times CE+AE\times BC\geqq AC\times BE$$

これと $AB=BC$ より，

$$\frac{BC}{BE}\geqq\frac{AC}{AE+CE}$$

同様に，四角形 $CDEA$，$EFAC$ にもトレミーの不等式を用いることで，以下の不等式を得る：

$$\frac{DE}{DA} \geqq \frac{CE}{AC+AE}$$

$$\frac{FA}{FC} \geqq \frac{AE}{AC+CE}$$

以上3つの不等式を加える：

$$\frac{BC}{BE}+\frac{DE}{DA}+\frac{FA}{FC} \geqq \frac{AC}{AE+CE}+\frac{CE}{AC+AE}+\frac{AE}{AC+CE}$$

この右辺はネスビットの不等式より，$\frac{3}{2}$ 以上であることがわかる。

一言コメント

幾何不等式には「シンプルで主張は誰にでも理解できるが，証明は難しい定理」が多いのでおもしろい分野です。

不等式 $a^2+b^2+c^2 \geqq ab+bc+ca$ のいろいろな証明 ☆☆☆

次の不等式は有名で，より難しい不等式の証明にも頻繁に用いられます：

> **有名不等式**：任意の実数 a, b, c に対して，
>
> $$a^2+b^2+c^2 \geqq ab+bc+ca$$
>
> 等号成立条件は，$a=b=c$

この節ではこの有名不等式のいろいろな証明を紹介します。1つの不等式でもいろいろな証明方法があることを味わいつつ，不等式の証明手法に慣れましょう（各不等式の証明中で等号成立条件についての言及は省略しています）。

 両辺の差をとって直接示す方法

方針

最も原始的な不等式の証明方法は，両辺の差を変形して0以上（または以下）であることを示す方法です。証明1は定番の方法です。

証明1　両辺の差をとって

$$a^2+b^2+c^2-ab-bc-ca \geqq 0$$

を示せばよいが，

$$(\text{左辺}) = \frac{1}{2}\{(a-b)^2+(b-c)^2+(c-a)^2\}$$

と平方の和に変形できるので題意は示された。

証明1はややテクニカルです。2次式の場合は以下のように愚直に1文字ずつ平方完成していけば必ず機械的に証明できます。

証明2　両辺の差を a の2次式と見て平方完成する：

$$a^2+b^2+c^2-ab-bc-ca=\left\{a-\left(\frac{b+c}{2}\right)\right\}^2+\frac{3}{4}b^2+\frac{3}{4}c^2-\frac{3}{2}bc$$

残りの部分を b の2次式と見て平方完成する：

$$a^2+b^2+c^2-ab-bc-ca=\left\{a-\left(\frac{b+c}{2}\right)\right\}^2+\frac{3}{4}(b-c)^2$$

両辺の差が平方の和に変形できたので題意は示された。

相加相乗平均の不等式を用いて示す方法

方針

3変数の対称な不等式は，3つに分解して示せる場合が多いです。

証明3　相加相乗平均の不等式より，

$$a^2+b^2 \geqq 2ab$$

同様に，

$$b^2+c^2 \geqq 2bc,$$

$$c^2+a^2 \geqq 2ac$$

以上3つの不等式を辺々加えて2で割ると，求める不等式を得る。

コーシー＝シュワルツの不等式を用いて示す方法

証明 4　コーシー＝シュワルツの不等式（→ p.91, ㉑）より，

$$(a^2+b^2+c^2)(b^2+c^2+a^2) \geqq (ab+bc+ca)^2$$

両辺の平方根をとればよい。

ミュアヘッドの不等式を用いて示す方法

この有名不等式はミュアヘッド（Muirhead）の不等式というマニアックな不等式の非常に簡単な例になっています。

証明 5　$2 \geqq 1, 2+0 \geqq 1+1, 2+0+0=1+1+0$ なので，ミュアヘッドの不等式から

$$a^2+b^2+c^2 \geqq ab+bc+ca$$

補足

$x_1 \geqq y_1$，$x_1+x_2 \geqq y_1+y_2$，$x_1+x_2+x_3=y_1+y_2+y_3$ であり，式に登場する変数が全て非負のとき，

$$a^{x_1}b^{x_2}c^{x_3}+a^{x_1}c^{x_2}b^{x_3}+b^{x_1}a^{x_2}c^{x_3}+b^{x_1}c^{x_2}a^{x_3}+c^{x_1}a^{x_2}b^{x_3}+c^{x_1}b^{x_2}a^{x_3}$$
$$\geqq a^{y_1}b^{y_2}c^{y_3}+a^{y_1}c^{y_2}b^{y_3}+b^{y_1}a^{y_2}c^{y_3}+b^{y_1}c^{y_2}a^{y_3}+c^{y_1}a^{y_2}b^{y_3}+c^{y_1}b^{y_2}a^{y_3}$$

が成立します。これを（3 変数の）ミュアヘッドの不等式と言います。

一言コメント

不等式の証明問題はパズルみたいでおもしろいです。他の分野よりも熱烈なファンが多い気がします。

ネスビットの不等式の5通りの証明

☆☆☆☆

ネスビットの不等式：$a,b,c>0$ のとき，以下の不等式が成立する：

$$\frac{a}{b+c}+\frac{b}{c+a}+\frac{c}{a+b}\geqq\frac{3}{2}$$

ネスビット（Nesbitt）の不等式は有名な不等式です。より難しい不等式の証明に使われることもあるので，覚えておくとよいでしょう。この節ではネスビットの不等式をさまざまな方法で証明しつつ，不等式の証明テクニックを確認します。

 分母を払ってネスビットの不等式を証明

方針

まずはセオリー通り，分母を払って整理します。この程度の不等式なら気合いで整理することができます。その後は一工夫必要です。

証明1　ネスビットの不等式の分母を払って整理する：

$$2a(a+b)(a+c)+2b(b+a)(b+c)+2c(c+a)(c+b)$$
$$\geqq 3(a+b)(b+c)(c+a)$$
$$2(a^3+b^3+c^3)\geqq a^2b+ab^2+b^2c+bc^2+c^2a+ca^2 \quad \cdots(*)$$

この不等式を示せばよいが，

$$a^3+b^3-a^2b-b^2a=(a+b)(a-b)^2\geqq 0$$

より

$$a^3+b^3\geqq a^2b+ab^2$$

が成立するので，同様な不等式をもう2つ作り，3つの不等式を辺々加えることで求める不等式を得る。

分母を払ったあと，以下のシューア（Schur）の不等式を使うことでも証明できます（証明2）：

シューアの不等式：任意の実数rと非負の実数x, y, zに対して

$$x^r(x-y)(x-z)+y^r(y-x)(y-z)+z^r(z-x)(z-y) \geqq 0$$

証明2　分母を払うところまでは同じ。

証明1中の(*)を見たときに，対称式かつ3次の項のみからなるので，$r=1$の場合のシューアの不等式が使えそうだと思う：

$$a^3+b^3+c^3+3abc \geqq a^2b+ab^2+b^2c+bc^2+c^2a+ca^2$$

よって，あとは$a^3+b^3+c^3 \geqq 3abc$を示せばよいが，これは有名な因数分解公式からわかる（相加相乗平均の不等式からもわかる）：

$$\begin{aligned}
&a^3+b^3+c^3-3abc \\
&=(a+b+c)(a^2+b^2+c^2-ab-bc-ca) \\
&=\frac{1}{2}(a+b+c)\{(a-b)^2+(b-c)^2+(c-a)^2\} \\
&\geqq 0
\end{aligned}$$

注意　証明2の下から3行目の2つめの因数：$a^2+b^2+c^2-ab-bc-ca$が非負であることはp.131, ㉛の有名不等式からもわかります。

証明3　分母を払うところまでは同じ。

(*)を見たときに，対称式かつ3次の項のみからなるので，ミュアヘッドの不等式（→ p.133, ㉛）が使えそうだと思う。

$3 \geqq 2$, $3+0 \geqq 2+1$, $3+0+0=2+1+0$ より，ミュアヘッドの不等式を用いると，(*) が成立する。

コーシー＝シュワルツの不等式を用いた証明

コーシー＝シュワルツの不等式（→ p.91, ㉑）：

$$({x_1}^2+{x_2}^2+{x_3}^2)({y_1}^2+{y_2}^2+{y_3}^2) \geqq (x_1y_1+x_2y_2+x_3y_3)^2$$

より

$$\left(\frac{{a_1}^2}{b_1}+\frac{{a_2}^2}{b_2}+\frac{{a_3}^2}{b_3}\right)(b_1+b_2+b_3) \geqq (a_1+a_2+a_3)^2$$

が成立します（ただし，$b_1, b_2, b_3 > 0$）。両辺を $(b_1+b_2+b_3)$ で割ると，

$$\left(\frac{{a_1}^2}{b_1}+\frac{{a_2}^2}{b_2}+\frac{{a_3}^2}{b_3}\right) \geqq \frac{(a_1+a_2+a_3)^2}{b_1+b_2+b_3}$$

を得ます。この不等式を使うことでも証明できます。

方針

通分するなどという泥臭いことをしたくないという人にオススメです。上記の不等式を用いて分数の和を下から抑えます。

証明 4　先述の不等式から，

$$\begin{aligned}&\frac{a}{b+c}+\frac{b}{c+a}+\frac{c}{a+b}\\&=\frac{a^2}{ab+ac}+\frac{b^2}{bc+ba}+\frac{c^2}{ca+cb}\\&\geqq \frac{(a+b+c)^2}{2(ab+bc+ca)}\end{aligned}$$

よって，

$$\frac{(a+b+c)^2}{2(ab+bc+ca)} \geqq \frac{3}{2}$$

を示せばよいが，これは整理すると以下の有名な不等式（→ p.131，㉛）と同値：

$$a^2+b^2+c^2 \geqq ab+bc+ca$$

置き換えを用いた証明

方針

分母がうっとうしいので，まるごと文字でおいてしまいます。

証明 5　$b+c=x, c+a=y, a+b=z$ とおいて整理すると，（$a=\frac{y+z-x}{2}$ などとなり）証明すべき不等式は，

$$\frac{y+z-x}{2x}+\frac{z+x-y}{2y}+\frac{x+y-z}{2z} \geqq \frac{3}{2}$$

となる。これを整理すると，

$$\frac{y}{x}+\frac{x}{y}+\frac{z}{y}+\frac{y}{z}+\frac{x}{z}+\frac{z}{x} \geqq 6$$

となるが，これは相加相乗平均の不等式から成立する。

証明 1，5 が比較的素直だと思います。証明 4 は分数の数が増えても適用できそうですね。ちなみに，ネスビットの不等式の項数を増やしたような形の「シャピロ（Shapiro）の不等式」というものもあります。

一言コメント

コーシー＝シュワルツの不等式はかなり強力で（大学入試で出題されるレベルなら）たいていの不等式はシュワルツで示せるという印象があります。

円周率が3.05より大きいことのいろいろな証明☆☆☆

2003年の東大の入試問題：円周率が3.05より大きいことを証明せよ。

非常に有名な東大の入試問題です。この問題に対する5通りの解法を解説します。

正八角形を用いた円周率の評価

定番の手法で知っている人も多いでしょう。「円周の長さよりも内接する正多角形の周の長さのほうが短い」ことを利用します。

解答1：半径1の円の円周の長さは 2π である。また，この円に内接する正八角形の1辺の長さは余弦定理より

$$\sqrt{1+1-2\cos 45^\circ}=\sqrt{2-\sqrt{2}}$$

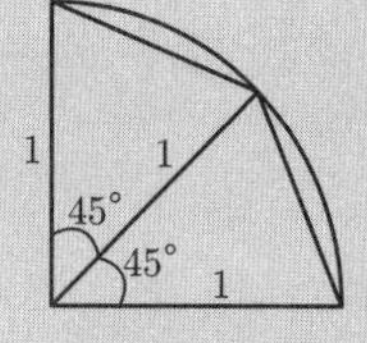

よって，

$$8\sqrt{2-\sqrt{2}}<2\pi$$

つまり

$$4\sqrt{2-\sqrt{2}}<\pi$$

という円周率の評価を得る。左辺を計算すると3.061... となるので，円周率が3.05より大きいことが証明された。

なお，試験場では計算機が使えないので平方根の大雑把な評価が求め

られます。この解法では，

$$4\sqrt{2-\sqrt{2}} > 3.05$$

を示せば OK です。これは，$\sqrt{2} < 2 - \frac{3.05^2}{4^2}$ と同値であり，右辺を計算すると 1.418... となるので（$\sqrt{2}$ の近似値が 1.414 なので）確かに成立しています。

計算機が使えない状況では全ての解法でこのような評価が必要になりますが，以下では計算機を使った値のみを記し，ルートの評価は簡単なので省略します。

周の長さを用いた円周率の評価

先ほどは円に内接する正八角形を考えましたが，周の長さを求められる図形なら正多角形である必要はありません。

解答 2： $(0,5)$, $(3,4)$, $(4,3)$, $(5,0)$ は全て半径 5 の円 $x^2+y^2=25$ の周上の点である。

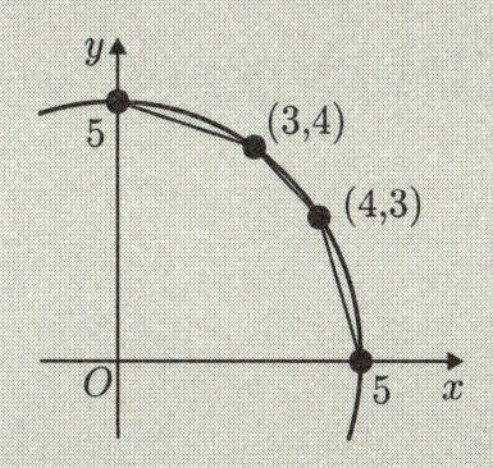

よって，これら 4 点を結ぶ折れ線の長さの 4 倍は円周の長さより小さい。したがって，

$$4(\sqrt{10}+\sqrt{2}+\sqrt{10}) < 10\pi$$

左辺を計算すると，30.955... となるので円周率が 3.05 より大きいことが証明された。

面積による円周率の評価

「円に内接する多角形の面積 < 円の面積」であることを利用します。なお，面積を用いる評価は円周による評価よりも緩い評価しか得られません（正十二角形を使っても $3<\pi$ という評価しか得られません）。3.05 より大きいことを証明するには正二十四角形を使う必要があります。

解答 3：半径が 1 の円に内接する正二十四角形の面積は，

$$\frac{1}{2}\sin 15^\circ \times 24 = 3(\sqrt{6}-\sqrt{2})$$

よって，

$$3(\sqrt{6}-\sqrt{2}) < \pi$$

を得るが，左辺を計算すると 3.105... となるので題意は示された。

ちなみに，$\sin 15^\circ$ の値は半角の公式で導けますが，覚えておくとよいでしょう（→ p.56, ⑫）。

積分を用いた円周率の評価

数学 III の知識が必要になりますが，$\dfrac{1}{1+x^2}$ の積分を用いた方法もあります。

解答 4：

$\displaystyle\int_0^{\frac{1}{\sqrt{3}}} \frac{1}{1+x^2}dx$ は $x=\tan\theta$ と置換すると，

$$\int_0^{\frac{\pi}{6}} d\theta = \frac{\pi}{6}$$

となる。よって，$y=f(x)$，x 軸，y 軸，$x=\dfrac{1}{\sqrt{3}}$ で囲まれた部分の面積 S を下から抑えればよい。$f(x)=\dfrac{1}{1+x^2}$ とおくと，

$$f''(x)=2(3x^2-1)(1+x^2)^{-3}$$

となり $0\leqq x\leqq \dfrac{1}{\sqrt{3}}$ で $f''(x)\leqq 0$ である。

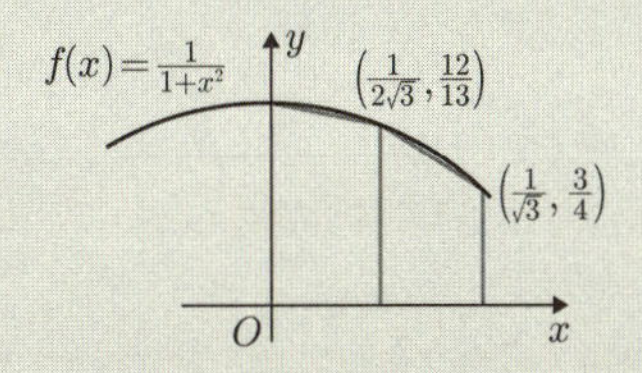

よって，$y=f(x)$ は $0\leqq x\leqq \dfrac{1}{\sqrt{3}}$ で上に凸である。

よって，S を台形 2 つで下から近似すると，

$$\begin{aligned} S &> \left(1+\frac{12}{13}\right)\cdot\frac{1}{2\sqrt{3}}\cdot\frac{1}{2}+\left(\frac{12}{13}+\frac{3}{4}\right)\cdot\frac{1}{2\sqrt{3}}\cdot\frac{1}{2} \\ &= \frac{187}{624}\sqrt{3} \end{aligned}$$

よって，

$$\frac{\pi}{6}>\frac{187\sqrt{3}}{624}$$

となり，計算すると $\pi>3.114...$ となるので題意は示された。

ちなみに，S を台形 1 つで近似しても $\pi>3.031...$ しか証明できません。

マクローリン型不等式を用いた証明

こちらも数学 III の知識が必要ですが，シンプルで美しい方法です。

解答5：有名不等式：

$$\cos x \geqq 1 - \frac{x^2}{2}$$

（2回微分することで簡単に証明できる）において，$x = \frac{\pi}{6}$ を代入することにより，

$$\frac{\sqrt{3}}{2} \geqq 1 - \frac{\pi^2}{72}$$

となる。これを π について解くと，

$$\pi \geqq \sqrt{72 - 36\sqrt{3}} = 3.105...$$

となるので OK。

他にも方法はたくさんあると思います。考えてみてください！

一言コメント

東大や京大のような難関大学では，このように型にはまらない問題もときどき出題されます。このような問題に対応するためには「典型的な入試対策」以外の勉強も必要でしょう。一見入試には役に立たなさそうなことも積極的に勉強していきましょう。

34 四平方の定理（図形の面積と正射影）

☆☆☆

四平方の定理（四面体）： 4 つの面のうち 3 つが直角三角形である図のような三角錐において，

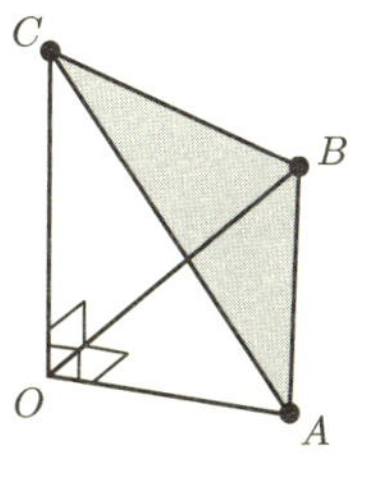

$$|ABC|^2 = |OAB|^2 + |OBC|^2 + |OCA|^2$$

ただし，$|ABC|$ は三角形 ABC の面積を表します。三平方の定理の 3 次元空間バージョンです！

なお，四平方の定理というと，整数論におけるラグランジュの四平方和定理（任意の正の整数は 4 つ以下の平方数の和で表すことができるという美しい定理）のことを指す場合もあるので注意してください。

四平方の定理の証明

さっそく証明します！　空間座標で考えます。三角形 ABC の面積は点と平面の距離公式を利用して計算します。

証明　$O(0,0,0), A(a,0,0), B(0,b,0), C(0,0,c)$ となる座標系で考える。

$$|OAB| = \frac{ab}{2}, |OBC| = \frac{bc}{2}, |OCA| = \frac{ca}{2}$$

は簡単に求まるので，あとは $|ABC|$ を求めればよい。
そのためにまず，三角形 ABC と原点の距離 d を求める。A,B,C を含む平面の方程式は切片方程式の考え方（→補足）により，

$$\frac{x}{a}+\frac{y}{b}+\frac{z}{c}=1$$

よって，点と平面の距離公式（→補足）より

$$d=\frac{1}{\sqrt{\frac{1}{a^2}+\frac{1}{b^2}+\frac{1}{c^2}}}=\frac{abc}{\sqrt{a^2b^2+b^2c^2+c^2a^2}}$$

次に，四面体 $OABC$ の体積を2通りの方法で表すことにより，

$$\frac{abc}{6}=\frac{1}{3}d|ABC|$$

よって，

$$|ABC|=\frac{abc}{2d}=\frac{1}{2}\sqrt{a^2b^2+b^2c^2+c^2a^2}$$

以上より，

$$|ABC|^2=|OAB|^2+|OBC|^2+|OCA|^2$$

なお，$|ABC|$ はヘロンの公式の変形バージョン（→ p.62, ⑬）を使って求めることもできます。

補足

- $(a,0,0),(0,b,0),(0,0,c)$ を通る平面の方程式は

$$\frac{x}{a}+\frac{y}{b}+\frac{z}{c}=1$$

  です。実際，$(a,0,0)$ などを方程式に代入すると，成立することが確認できます。

- 点 $(x_0,y_0.z_0)$ と平面 $Ax+By+Cz+D=0$ の距離は

$$\frac{|Ax_0+By_0+Cz_0+D|}{\sqrt{A^2+B^2+C^2}}$$

です。

一般化

実はもっと一般の図形でも四平方の定理は成立します！

> **四平方の定理（一般）**：面積が S であるような 3 次元空間内の平面図形を yz 平面に正射影した図形の面積を S_x とおく。同様に S_y, S_z も定義する。このとき
>
> $$S^2={S_x}^2+{S_y}^2+{S_z}^2$$

yz 平面への正射影とは，もとの図形に x 軸方向から光を当てたときの影です。

S が三角形のとき，先ほどの四平方の定理と一致するので，この定理は先ほどの定理の一般化になっています。地味ですが，かなりすごい定理です。

正射影と面積

上記の定理を証明するためには，前提知識が 2 つ必要になります。

(1) 「平面 P に含まれ，面積が S である図形」を平面 Q に正射影したときの面積は $S\cos\theta$ である。ただし，θ は平面 P と平面 Q のなす角。

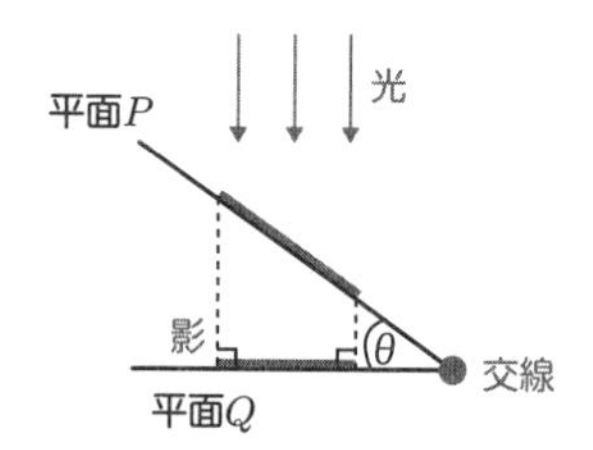

これは有名な性質なので覚えておきましょう。S が（1 辺が平面 P と Q の交線と平行な）長方形の場合には簡単に確認できます。一般の図形に対しては，そのような長方形がたくさん集まったものとみなすことで納得できます（厳密には積分が必要）。

(2) 平面 P と平面 Q のなす角 θ は，それぞれの平面の法線ベクトルがなす角 θ' または $180° - \theta'$ に等しい（→ p.115, ㉗）。これは実際に平面（紙など）を 2 つ使って納得してください！

証明　P の長さ 1 の法線ベクトルを (n_x, n_y, n_z) とおく。yz 平面の法線ベクトルは $(1,0,0)$ なので，2 つの法線ベクトルがなす角のコサインは（内積を考えることで）n_x となる。
よって，P と yz 平面のなす角を θ_x とおくと，前提知識 (2) より $\cos\theta_x = |n_x|$ となる。
さらに，前提知識 (1) より $S\cos\theta_x = S_x$ なので，$S|n_x| = S_x$
同様に $S|n_y| = S_y, S|n_z| = S_z$ であるので，

$$S_x{}^2 + S_y{}^2 + S_z{}^2 = S^2(n_x{}^2 + n_y{}^2 + n_z{}^2) = S^2$$

を得る。

一言コメント
「射影」という概念は大学以降の数学でもいろいろな分野で登場します。

素数が無限にあることの美しい証明

☆☆☆☆

素数は無限に存在する。

素数が無限にあることの証明方法はいろいろ発見されていますが，その中でも簡潔で美しいものを3つ解説します。

(1) ユークリッドによる証明（一番有名）

(2) オイラーによる証明（オススメ）

(3) サイダックによる証明（最近発見された）

 ユークリッドによる証明

方針

背理法で証明します。素数たちからより大きい素数を構成することで矛盾を導きます。

証明1　素数が有限個しかないと仮定する。
その有限個の素数全体を $p_1, p_2, \cdots, p_n$ とおく。ここで，$p = p_1p_2\cdots p_n + 1$ という数を考えると，p はどの素数 p_i でも割り切れないので素数となる。しかし，p はどの p_i よりも大きく，素数全体の集合に入っていないので矛盾。

オイラーによる証明

けっこう難しいです。補足も参考にしてください。

方針

同様に背理法で証明します。任意の自然数が素数の積として一意に表せるという事実を用います（素因数分解の一意性）。「有限＝無限」という等式を作って矛盾を示します。

証明 2 素数が有限個しかないと仮定する。その有限個の素数全体を $p_1, p_2, \cdots, p_n$ とおく。素因数分解の一意性より，

$$\prod_{i=1}^{n}\sum_{k=0}^{\infty}\frac{1}{{p_i}^k}=\left(1+\frac{1}{2}+\frac{1}{2^2}+\cdots\right)\left(1+\frac{1}{3}+\frac{1}{3^2}+\cdots\right)\left(1+\frac{1}{5}+\frac{1}{5^2}+\cdots\right)\cdots$$

$$=\sum_{k=1}^{\infty}\frac{1}{k} \qquad \cdots(※)$$

となるが，この等式の右辺は無限大となる。
一方，この等式の左辺は無限等比級数の公式から計算できる：

$$\prod_{i=1}^{n}\sum_{k=0}^{\infty}\frac{1}{{p_i}^k}=\prod_{i=1}^{n}\frac{p_i}{p_i-1}$$

これは有限値なので，有限＝無限となり矛盾。

補足

- $\prod$ は積（総積）の記号です。$\sum$（総和）のかけ算バージョンです。
- (※) はオイラー積表示と呼ばれる，非常に美しい等式です。「全ての素数の組み合わせの積」と「全ての自然数」が1対1対応していることを表しています。オイラー積表示の左辺を具体的に書き下してみるとわかりやすいでしょう。
- $1+\frac{1}{2}+\frac{1}{3}+\cdots$（調和級数）がどこまでも大きくなることは有名な事実です。

$$\underbrace{\frac{1}{2^k+1}+\frac{1}{2^k+2}+\cdots\frac{1}{2^{k+1}}}_{2^k\text{個}} \geqq \underbrace{\frac{1}{2^{k+1}}+\frac{1}{2^{k+1}}+\cdots+\frac{1}{2^{k+1}}}_{2^k\text{個}}=\frac{1}{2}$$

という不等式を $k=0$ から順にたしていくことでわかります。

サイダックによる証明

次々と新しい素因数を作り出していく操作が無限回くり返せることを示します。n と $n+1$ は互いに素という重要な性質を用います。

証明 3 N_1 を 2 以上の整数とする。N_1 と N_1+1 は互いに素なので $N_2=N_1(N_1+1)$ は異なる素因数を 2 個以上持つ。
さらに，同様の理由から $N_3=N_2(N_2+1)$ は異なる素因数を 3 個以上持つ。これをくり返すといくらでも多くの異なる素因数を持つ数が生成できるので，素数は無限に存在する。

ユークリッドの証明方法に勝るとも劣らない簡潔な証明です。この方法が 21 世紀になってから発見されたというのも驚きです。

補足

- フェルマー数を用いた証明もなかなかエレガントです（→ p.227, ㊺）。
- 「素数が無限に存在する」よりも強い主張である「ディリクレの算術級数定理」というものがあります：

> **ディリクレの算術級数定理**：a と b が互いに素な自然数のとき，$an+b$ (n は自然数) の形で表せる素数は無限に存在する。

ディリクレの算術級数定理の証明はかなり難しいです（高校数学の範囲を大きく逸脱しています）。

一言コメント

証明 3 の人気が高いですが，個人的にはオイラー積表示の美しさに惹かれるので証明 2 が好きです。

36 素数の間隔に最大値がないことの3通りの証明☆☆☆☆

素数砂漠の存在：いくらでも長い素数砂漠が存在する。

素数の間隔について

素数の間隔が広い場所，すなわち合成数が連続する場所を素数砂漠と言うことにします。たとえば，114 から 126 までの整数は全て合成数であり，長さ 13 の素数砂漠です。

この節ではいくらでも長い素数砂漠があること，つまり任意の正の整数 N に対して長さ N 以上の素数砂漠があることを証明します。

前節で証明したように，素数は無限にあるので素数砂漠の長さは必ず有限です。したがって「無限の長さの素数砂漠が存在する」と言ってしまうと間違いなので注意してください。

構成的な証明

実際に素数砂漠を構成する方法です。最もシンプルでわかりやすいでしょう。

証明　連続する $n-1$ 個の整数を以下のように構成する：

$$n!+2, n!+3, \cdots, n!+n$$

ここで，$2 \leqq k \leqq n$ に対して $n!+k$ は k の倍数なので，上記の数はいずれも合成数である。したがって，これは長さ $n-1$（以上）の素数砂漠（の一部）である。これは任意の n について成立するので，いくらでも長い素数砂漠が構成できる。

中国剰余定理を用いた証明

以下の「中国剰余定理」という大道具を使うことでも証明できます。

中国剰余定理：任意の整数 a_k $(k=1,2,\cdots,N)$ に対して

$$x \equiv a_k \mod p_k \, (k=1,2,\cdots,N)$$

という連立合同式を満たす整数 x が $0 \leqq x < p_1 p_2 \cdots p_N$ の中にただ1つ存在する。

注意 $x \equiv a_k \mod p_k$ とは，x と a_k を p_k で割った余りが等しいという意味です。このような式を合同式と言います。合同式は昔は高校数学範囲外でしたが，現在は数学Aで習います。

証明　素数は無限に存在するので，その中から N 個，$p_1, p_2, \cdots, p_N$ をとってくる。次に，以下の N 本の連立合同式を考える：

$$x \equiv k \mod p_k \, (k=1,2,\cdots,N)$$

中国剰余定理より，この連立合同式には解が存在するのでその解（のうち十分大きいもの）を n とおく。
すると，$1 \leqq k \leqq N$ に対して $n-k$ が p_k の（2倍以上の）倍数であるので $n-N$ から $n-1$ までが全て合成数，つまり長さ N の素数砂漠になっている。

素数定理を用いた証明

以下の「素数定理」という大道具を使います。

素数定理：1 以上 n 以下の素数の数を $\pi(n)$ とおくと，

$$\lim_{n\to\infty}\frac{\pi(n)\log n}{n}=1$$

証明　素数定理より，

$$\lim_{n\to\infty}\frac{\pi(n)}{n}=0 \qquad \cdots\cdots(*)$$

である。さて，命題を背理法で証明する。いくらでも長い素数砂漠がない，つまり素数砂漠の長さの最大値 M が存在すると仮定する。このとき，$(M+1)$ 個のうち少なくとも 1 個は素数なので，

$$\pi(n)\geqq\frac{n}{M+1}-1$$

よって，

$$\lim_{n\to\infty}\frac{\pi(n)}{n}\geqq\lim_{n\to\infty}\left(\frac{1}{M+1}-\frac{1}{n}\right)=\frac{1}{M+1}$$

これは $(*)$ に矛盾。

比較的簡単な事実の証明に素数定理などという大道具を持ち出すのは推奨されませんが，おもしろいので紹介しました！

一言コメント

ちなみに，2 以外の偶数は合成数なので長さ 3 以上の「合成数砂漠」は存在しません。間隔が 2 であるような 2 つの素数を双子素数と言います。

オイラーの多面体定理の証明 ☆☆☆☆☽

オイラーの多面体定理：任意の（穴のない）多面体において，頂点の数を V, 辺の数を E, 面の数を F とおくと，

$$V-E+F=2$$

が成立する。

オイラーの多面体定理の覚え方

オイラーの多面体定理は非常に美しい定理です。記号は，それぞれの単語：頂点 (Vertex), 辺 (Edge), 面 (Face) の英語表記の頭文字に由来しています。3 つの英単語を覚えれば記号は混同しなくなるでしょう。また，2 つたして 1 つ引くということはなかなか忘れないですが，どの 2 つをたすのか忘れやすいので，そのときには正四面体などの簡単な例で確認するとよいでしょう。

- 正四面体では，$V=4, E=6, F=4$ より，$V-E+F=2$
- 正六面体では，$V=8, E=12, F=6$ より，$V-E+F=2$
- 正八面体では，$V=6, E=12, F=8$ より，$V-E+F=2$
- 正十二面体では，$V=20, E=30, F=12$ より，$V-E+F=2$
- 正二十面体では，$V=12, E=30, F=20$ より，$V-E+F=2$

証明の概略

4 段階に分けて証明します。1 つ 1 つは難しくないのですが，4 つ組み合わせると美しい定理の証明ができます（図は立方体の例）。

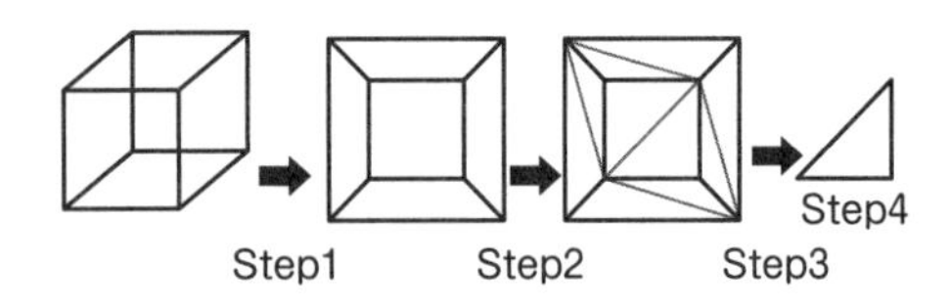

Step1 多面体を平面グラフに展開（ちょいむず）

Step2 平面グラフを三角形に分割（かんたん）

Step3 三角形を除いていく（ふつう）

Step4 最後に三角形で確認（かんたん）

オイラーの多面体定理の証明

Step1:多面体を平面グラフに展開

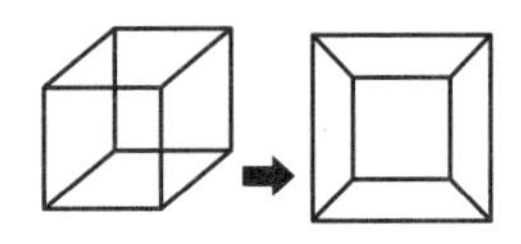

3次元だと考えにくいので，2次元に展開して考えます。イメージとしては，「多面体の面を1つ選んで，その面を取り除き，その穴から手を突っ込んで押し広げながら潰す」感じです。このとき，頂点や辺の数は変わらず，面を1つ取り除くので，展開された平面図形において，

$$V-E+F=1$$

を示せばよいわけです。立方体の図の例では，天面を取り除いて展開しています。

Step2:平面グラフを三角形に分割

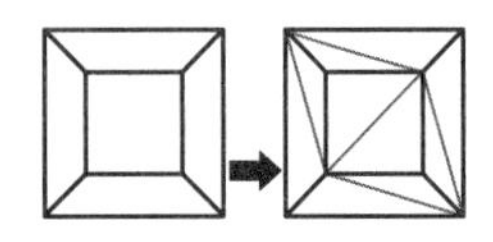

得られた平面図形にはさまざまな多角形が含まれています。三角形でない図形は適当に対角線を引いて三角形に分割します。対角線を引くときに，面と辺の数が1つずつ増えるので $V-E+F$ の値は変わりません。よって，分割後の図形で $V-E+F=1$ を示せばよいわけです。

Step3:三角形を除いていく

得られた図形の $V-E+F$ の値を保ったまま外側の三角形から順々に消していきます。

操作1　外側と1辺を共有する三角形を除くと辺と面が1つずつ減るので，$V-E+F$ は変わらない。

操作2　外側と2辺を共有する三角形を除くと頂点と面が1つずつ減り辺が2つ減るので，$V-E+F$ は変わらない。

三角形の数は有限なので，この操作をくり返し行うといつかは三角形1つになります（厳密には操作の途中で図形が分断されるのを防ぐため，操作2を操作1より優先して行う必要があります）。

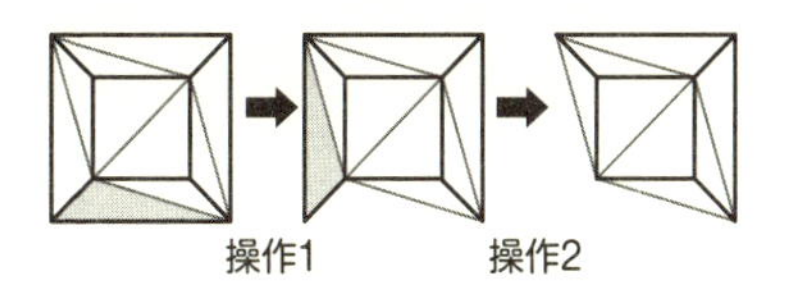

Step4:最後に1つの三角形で確認

三角形では，頂点の数3，辺の数3，面の数1より，$V-E+F=1$ が成立します。以上により，オイラーの多面体定理が証明されました。

一言コメント

どんな立体でも成立するというのは非常に驚くべき結果です。不変量（この場合 $V-E+F$）に関する定理には美しいものが多いです。

第4章

身近な話題の中に潜む,
美しい定理や公式

じゃんけんであいこになる確率の求め方と値☆☆

じゃんけんであいこになる確率：n 人でじゃんけんをしたときにあいこになる確率は

$$p_n = 1 - \frac{2^n - 2}{3^{n-1}}$$

前半ではじゃんけんであいこになる確率 p_n の2通りの導出方法を解説します。後半では2人，3人，⋯，10人のときに実際にあいこになる確率を計算してみます。

あいこになる確率 p_n の求め方

(1) 余事象による導出

あいこになる確率よりもあいこにならない確率の方が計算しやすいので，余事象の考え方を使います。

証明　あいこにならない確率を求めて1から引けばよい。
全員の手の出し方は全部で 3^n 通り。あいこにならないのは全員の出した手がちょうど2種類であるとき。そのような場合の数は，手がどの2種類かで3通り，その各々に対して考えられる場合の数が 2^n-2 通りである（→注意）ので

$$3(2^n - 2)$$

通りである。以上より求める確率は

$$1-\frac{3(2^n-2)}{3^n}=1-\frac{2^n-2}{3^{n-1}}$$

注意 たとえば「全員がグーまたはチョキ」という場合の数は 2^n 通りですが「全員がグー」または「全員がチョキ」という2通りを除外する必要があります。

(2) 全射の個数の公式を用いた導出

ややマニアックですが，全射の個数の公式（→ p.236, ㊽）を知っていれば一発です。

証明　3^n 通りの出し方のうち，あいこになる場合の数は，

- 全員が同じ手：3通り
- 全種類が出る：$\displaystyle\sum_{i=1}^{3}(-1)^{3-i}{}_3\mathrm{C}_i i^n=3-3\cdot 2^n+3^n$ 通り

よって，求める確率は

$$\frac{3+3-3\cdot 2^n+3^n}{3^n}=1-\frac{2^n-2}{3^{n-1}}$$

あいこの確率の値

実際にあいこになる確率（%）がどれくらいになるのか計算してみました。

人数	2	3	4	5	6	7	8	9	10
確率	33.3	33.3	48.1	63.0	74.5	82.7	88.4	92.2	94.8

このように，人数が増えるとあいこの確率は急激に上昇します。10人以上でじゃんけんをするのは非常に効率が悪いです。人数が多いときはじゃんけんよりも「グッパでわかれましょー」などをやった方がよいというわけです。

あいこの確率 p_n の極限

当然ですが，

$$\lim_{n\to\infty} p_n = \lim_{n\to\infty}\left(1-\frac{2^n-2}{3^{n-1}}\right)=1$$

が成立します。大人数でじゃんけんするとずっと終わらない，という感覚と合致しています。

このように，変数を含む確率の問題では極限を考えることでも検算ができます。この方法で（たとえば余事象をとり忘れるなどの）ひどい計算ミスは防ぐことができます。

一言コメント

2人でじゃんけんをするときに5回も6回もあいこが続くと，運命を感じてしまいますね。

39 同じ誕生日の２人組がいる確率について ☆☆☆

誕生日のパラドックス：23 人いれば，その中に同じ誕生日である２人組が 50% 以上の確率で存在する。

同じ誕生日である２人組が存在する確率，なぜパラドックスと呼ばれるのか，３人組の場合はどうなのか，について解説します。なお，この節を通じて，１年は 365 日（閏年は考えない）とし，誕生日がどの日になる確率も $\frac{1}{365}$ と仮定します。

同じ誕生日の２人組が存在する確率

n 人いるときにその中に同じ誕生日である２人組が存在する確率を求めてみます。なお，$n \geqq 366$ のときは必ず誕生日が同じ２人組が存在するので $n \leqq 365$ の場合を考えます。

解答　余事象の考え方で求める。
誕生日が全員バラバラとなる確率は，（２人目が１人目と異なる確率）×（３人目が最初の２人と異なる確率）×⋯×（n 人目がその前の $n-1$ 人と異なる確率）なので，

$$\frac{364}{365} \times \frac{363}{365} \times \frac{362}{365} \times \cdots \times \frac{365-(n-1)}{365} = \frac{{}_{364}\mathrm{P}_{n-1}}{365^{n-1}}$$

となる。よって，求める確率は，

$$1 - \frac{{}_{364}\mathrm{P}_{n-1}}{365^{n-1}}$$

具体的な値

n 人いるときに，その中に同じ誕生日である 2 人組が存在する確率を具体的に計算してみました！

$n=5:0.027$
$n=10:0.117$
$n=15:0.253$
$n=20:0.411$
$n=22:0.476$
$n=23:0.507$
$n=30:0.706$
$n=40:0.891$
$n=50:0.970$
$n=70:0.999$

70 人いたらほぼ間違いなく同じ誕生日の 2 人組がいるというわけです。

パラドックスと呼ばれる理由

上記の確率は直感より大きいと感じる人が多いと思います。その理由は「同じ誕生日であるような 2 人組が存在する確率」と「自分と同じ誕生日の人がいる確率」とを混同してしまうからです（別に混同しないよ！全然パラドックスじゃないじゃん！って思う人も少なからずいると思います。しかし，実際多くの直感と数値が異なっているためにパラドックスと呼ばれているのです）。

適当な直感による間違った説明：
「特定の 2 人組が同じ誕生日になる確率は $\frac{1}{365}$ であり珍しいことだ

から，上記の確率は小さい $\left(\frac{n}{365}\text{くらい？}\right)$ はず」

正しい直感による説明：
「n 人の中で2人組の選び方は ${}_n\mathrm{C}_2$ 通りあり，n に比べてだいぶ多い。だからその中で1組くらいは珍しいことが起こっても不思議ではない」

3人同じ誕生日の人がいる確率

n 人いるときに，同じ誕生日の3人組が存在する確率の計算方法を解説します。ただし，今回は数式が複雑になるので $n=6$ の場合の具体例のみ考えます。

6人いたときに3人同じ誕生日がいる確率
今回も余事象を考える。6人を誕生日ごとにグループ分けする。3人以上のグループができない確率を求める。各グループの人数を並べて表記すると，以下の4パターンにわかれる。

- (1,1,1,1,1,1)
  これは先ほどの問題で余事象として求めた：$\frac{{}_{364}\mathrm{P}_5}{365^5}=\frac{{}_{365}\mathrm{P}_6}{365^6}$
- (2,1,1,1,1)
  2人組の選び方が ${}_6\mathrm{C}_2$ 通り。5グループの誕生日の選び方は ${}_{365}\mathrm{P}_5$ 通り。よって，このようになる確率は，${}_6\mathrm{C}_2\frac{{}_{365}\mathrm{P}_5}{365^6}$
- (2,2,1,1)
  2つの2人組の選び方が $\frac{{}_6\mathrm{C}_2\cdot{}_4\mathrm{C}_2}{2}$ 通り。4グループの誕生日の選び方は ${}_{365}\mathrm{P}_4$ 通り。よって，このようになる確率は，
  $\frac{{}_6\mathrm{C}_2\cdot{}_4\mathrm{C}_2}{2}\frac{{}_{365}\mathrm{P}_4}{365^6}$

- (2,2,2)

　同様に，確率は，$\dfrac{{}_6\mathrm{C}_2 \cdot {}_4\mathrm{C}_2}{3!} \dfrac{{}_{365}\mathrm{P}_3}{365^6}$

よって，求める確率は

$$1-\frac{1}{365^6}\sum_{k=0}^{3}\frac{a_k}{k!}\,{}_{365}\mathrm{P}_{6-k}$$

ただし，$a_0=1$，$a_1={}_6\mathrm{C}_2, a_2={}_6\mathrm{C}_2 \cdot {}_4\mathrm{C}_2, a_3={}_6\mathrm{C}_2 \cdot {}_4\mathrm{C}_2 \cdot {}_2\mathrm{C}_2$

3人一緒になる確率を計算するのはかなり大変ですね！

一言コメント

　実際「あの人，自分と誕生日一緒じゃん！」となることはあまりないですが，「あの人とあの人，誕生日一緒じゃん！」となることはけっこうありますね。

破産の確率と漸化式 ☆☆☆

漸化式を用いて確率を求める有名問題を解説します。受験対策のよい練習問題になるだけでなく，現実的でおもしろい話題です。

破産の確率の問題

以下のような問題を考えます。

問題：X の所持金が n 万円，Y の所持金が $N-n$ 万円である状態から２人でくり返し勝負を行う。各勝負において，X が勝つ確率は p であり，Y が勝つ確率は $q=1-p$ である。勝った方が負けた方から１万円もらう。どちらかの所持金が０円になったら終了する。終了したときに X の所持金が０円になっている確率（X が破産する確率）を求めよ。

数学で扱いやすいように問題を言い換えます。

破産確率の問題：数直線上に $O(0)$, $P(n)$, $A(N)$ がある（$0<n<N$）。P は動点であり「確率 p で正の方向に１進み，確率 $q=1-p$ で負の方向に１進む」という行動をくり返す。P が O か A にたどり着いたら終了。このとき O にたどり着いて終了する確率はいくらか？

O　P　A
0　n　N
破産　　勝利

結果と考察

答えがおもしろいので導出の前に結果を書いてしまいます！

解答：$\dfrac{q}{p}=\alpha$ とおくと，破産確率は

- $p \neq q$ のとき，$\dfrac{\alpha^n-\alpha^N}{1-\alpha^N}$
- $p=q=\dfrac{1}{2}$ のとき，$1-\dfrac{n}{N}$

［破産確率についての考察］

- $p=q$ のときの結果が非常に美しいです。たとえば，$N=4000$, $n=1000$ では，$1-\dfrac{1000}{4000}=\dfrac{3}{4}$ となります。さらに $n=\dfrac{N}{2}$ のとき，当然ですが破産確率は $\dfrac{1}{2}$ になります。
- N を固定すると破産確率は n の減少関数になっています。これは，スタートの位置が「破産側」より「勝利側」に近いほど破産確率が低いという直感と合致します。
- $p>q$ のとき，$\alpha<1$ です。n が十分大きく，N がさらに十分大きいとき（たとえば $n=100$, $N=200$），破産確率はほぼ 0 です。
- $p<q$ のとき，$\alpha>1$ です。n が十分大きく，N がさらに十分大きいとき（たとえば $n=100$, $N=200$），破産確率はほぼ 1 です。つまり，たくさんの回数勝負する場合は**勝率が $\dfrac{1}{2}$ より大きいかどうかによって「ほぼ確実に勝てる」か「ほぼ確実に破産する」かが決まります。**

破産確率の導出

ここからは破産確率を導出していきます。まずは漸化式を立てる重要な部分です。

[1] 漸化式を立てる

導出：N を固定して n を変数だと考える。破産の確率は n の関数である。その確率を a_n とおく。
破産の確率を，1回目に勝つ場合と負ける場合に分けて考えることにより，以下の漸化式が立つ：

$$a_n = pa_{n+1} + qa_{n-1} \,(1 \leqq n \leqq N-1)$$

（1回目に勝てばその後確率 a_{n+1} で破産，1回目に負ければその後確率 a_{n-1} で破産）
ただし，端（$n=1, N-1$）でも漸化式が成立するように $a_0=1, a_N=0$ とした（→注意）。

あとはこの3項間漸化式を解くだけです。

注意 多くの3項間漸化式では初期条件が a_1, a_2 の値で与えられるのに対して，今回は a_0 と a_N の値が与えられていることに注意してください。

[2] 漸化式を解く

導出の続き：特性方程式は $x=px^2+(1-p)$ であり，この解は $x=1$ と $\dfrac{q}{p}(=\alpha)$ である。$\alpha=1$ のときは重解となるので場合分けが必要。

- $p \neq q$（つまり $\alpha \neq 1$）のとき，
  漸化式の解は $a_n = A\alpha^n + B$ と書ける（→補足）。$a_0=1, a_N=0$ を満たすように A, B を決めると，

$$A = \frac{1}{1-\alpha^N},\ B = \frac{-\alpha^N}{1-\alpha^N}$$

  となる。よって，

$$a_n = \frac{\alpha^n - \alpha^N}{1-\alpha^N}$$

- $p=q$ (つまり $\alpha=1$) のとき，
  漸化式の解は $a_n = An+B$ と書ける（→補足）。$a_0=1, a_N=0$ を満たすように A, B を決めると，$B=1, A=-\frac{1}{N}$ となる。よって，

$$a_n = 1-\frac{n}{N}$$

補足

3項間漸化式 $a_n = sa_{n-1}+ta_{n-2}$ に対して，2次方程式 $x^2=sx+t$ を特性方程式と言います。特性方程式の解を α, β とおくと，数列 a_n の一般項は

$$a_n = A\alpha^n + B\beta^n \quad (\alpha \neq \beta \text{のとき})$$
$$a_n = (An+B)\alpha^n \quad (\alpha = \beta \text{のとき})$$

と書けます（A, B は初期条件から決まる定数）。これは有名な事実なので覚えておきましょう。

一言コメント

同じ勝負を何回も何回もする場合，勝つ確率が $\frac{1}{2}$ 以上でないとほぼ確実に負けがかさんでくるということですね。

じゃんけんグリコの最適戦略と東大の入試問題 ☆☆☆

じゃんけんグリコにおける「最適戦略」の意味，最適戦略の構成法を解説します。東大入試でも出題された有名な話題です。

 じゃんけんグリコのルール

- じゃんけんを何回もくり返し，獲得点数を競う
- グーで勝てば 3 点，チョキで勝てば 5 点，パーで勝てば 6 点もらえる
- 2 人以上なら何人でも遊べるが，この節では 2 人の場合のみ考える

グーは「グリコ」が 3 文字。チョキは「チョコレート」が 5 音，パーは「パイナップル」が 6 文字であることから点数が決まっています。なお，チョコレートは 6 文字なのでチョキで勝つと 6 点もらえるというルールの方が一般的なようです。

もらえる得点が非対称なので，それぞれの手を確率 $\frac{1}{3}$ で出すよりもよい戦略がきっとある！　だから最適戦略を考えよう，という問題です。

 最適戦略とは

グーを出す確率が p，チョキを出す確率が q，パーを出す確率が r であるような戦略を (p, q, r) と書くことにします。

ここでは東大の問題（後述）にならって「相手がどんな戦略をとってきても，「自分がもらえる得点 − 相手がもらえる得点」の期待値（以下，得失点差の期待値と言うことにします）がマイナスにはならない」ような戦略のことを最適戦略と言うことにします。

注意 2 人の条件は同じなので，お互いが同じ戦略をとれば得失点差の期待

値は必ず0になります。よって「相手がどんな戦略をとってきても得失点差の期待値が必ずプラスになる」というような，いわゆる必勝法は存在しません。そこで，最適戦略を上記のように定義するのが自然です。

東大の入試問題

1992年・東京大学の入試問題，理系第6問です（言い回しは変えています）。

問題：

(1) 相手が $\left(\frac{1}{3}, \frac{1}{3}, \frac{1}{3}\right)$ という戦略をとってくるとき，得失点差の期待値を最大化する戦略を求めよ。

(2) 先述の意味での最適戦略を求めよ。

(1) の解答： 自分が (p, q, r) という戦略，相手が (a, b, c) という戦略のとき，

- 自分がグーで勝つ確率は pb，相手がグーで勝つ確率は qa
- 自分がチョキで勝つ確率は qc，相手がチョキで勝つ確率は rb
- 自分がパーで勝つ確率は ra，相手がパーで勝つ確率は pc

よって，1回のジャンケンにおける得失点差の期待値は

$$E = 3(pb - qa) + 5(qc - rb) + 6(ra - pc)$$

(1) の設定のとき，

$$E = \frac{1}{3}(3p - 3q + 5q - 5r + 6r - 6p) = \frac{1}{3}(-3p + 2q + r)$$
$$= \frac{1}{3}(1 - 4p + q)$$

（最後の変形で $p + q + r = 1$ を用いた）

これは $p = 0, q = 1, (r = 0)$ のときに最大となる。よって，チョキを出し続けるのがよい（これは直感と一致する）。

注意 ただし，ずっとチョキを出し続けていると相手もそれに気づいてグーを出してくるでしょう。現実の勝負では相手の戦略 (a,b,c) が一定ではありません。

最適戦略

次は（2）の解答です。いよいよ最適戦略を求めます！

(2) の解答：「任意の相手の戦略 (a,b,c) に対して $E \geqq 0$」という条件を満たす自分の戦略 (p,q,r) を求めるのが目標。とりあえず a,b,c について整理する：

$$E = a(6r-3q)+b(3p-5r)+c(5q-6p)$$

ここで，

$$\text{条件を満たす} \iff 6r-3q \geqq 0, 3p-5r \geqq 0, 5q-6p \geqq 0$$

が成立することがわかる（$\Leftarrow$ は自明，$\Rightarrow$ については特に $(a,b,c)=(1,0,0),(0,1,0),(0,0,1)$ の場合に条件が成立することから）。
あとは上の 3 つの不等式を解くのみ。
まず，p,q,r のいずれもが 0 ではない（もしどれか 1 つが 0 になると残り 2 つも 0 になってしまう）。よって，不等式 $6r \geqq 3q, 3p \geqq 5r$, $5q \geqq 6p$ の両辺は正なので辺々かけあわせることができる：

$$90pqr \geqq 90pqr$$

この不等式の両辺は等しい。つまり，もとの 3 つの不等式でも等号が成立していた！　よって，最適戦略は $p:q:r=5:6:3$ を満たす。
$p+q+r=1$ に注意すると，

$$(p,q,r)=\left(\frac{5}{14}, \frac{6}{14}, \frac{3}{14}\right)$$

を得る。

補足

もらえる得点 (3, 5, 6) を 1 つスライドさせたような形になっています。これは直感的には説明しにくいですね。

一言コメント

この節の話題が非常におもしろいと感じた方は「ゲーム理論」という数学の分野について調べてみるとよいでしょう。

ニム（複数山の石取りゲーム）の必勝法 ☆☆☆☆☽

ニム，山崩しゲーム，石取りゲームなどと呼ばれるゲームについて紹介します。ニムには2進法を用いた必勝法があります。

ニムのルールと例

ニムにはいろいろなバージョンがありますが，今回解説するのは以下のルールです。

- 2人で行うゲーム
- いくつかの山にいくつかの石がある
- プレーヤーは交互に石を取っていく。このとき同時に取れるのは同じ山の石のみ。1回で1個以上，最大何個でも取れる
- 最後の石を取った方が勝ち

以下では山の石の数を並べて (a,b,c) などと表します。たとえば $(3,5,7)$ は石の数が3の山，5の山，7の山が1つずつある状況です。また，プレーヤーを A,B とします。

 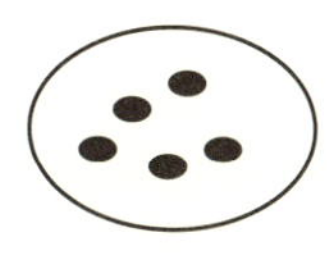 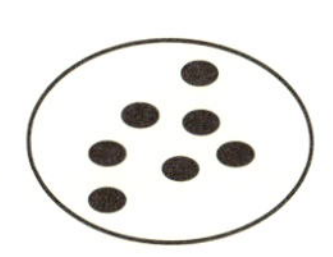

例： $(3,5,7)$ からスタートする。
A が1つ目の山から2つ取る：残り $(1,5,7)$

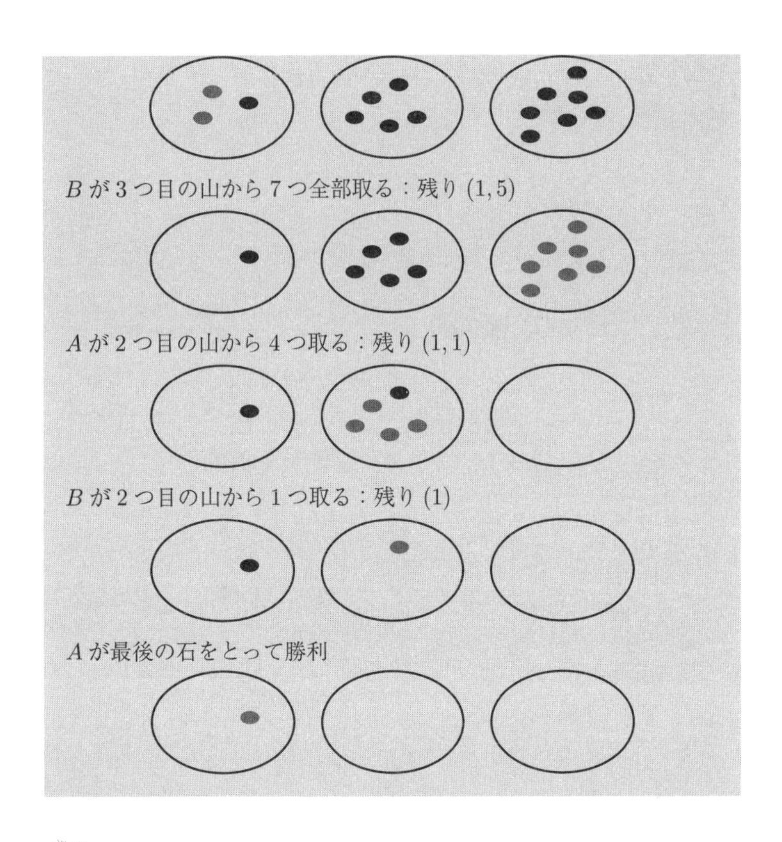

必勝形について

ニムの必勝法について説明するための準備として「必勝形」というものを定義します。

「各山の石の数を2進数で表したとき，各桁の和が全て偶数である状態」(各桁の排他的論理和が0であるような状態) を「必勝形」と言うことにします。

例 1：(2,5,7) は 2 進数で表すと，10,101,111 となる（→注意）。各桁をたし算すると 222（排他的論理和は 000 →注意）となり，全て偶数なので必勝形。

$$
\begin{array}{ccc}
 & 1 & 0 \\
1 & 0 & 1 \\
1 & 1 & 1 \\
\hline
2 & 2 & 2
\end{array}
$$

注意

- 2 進数で $a_n a_{n-1} \cdots a_0$（各 a_i は 0 または 1）という数字は
$$a_n 2^n + a_{n-1} 2^{n-1} + \cdots + a_0 2^0$$
を表します。たとえば，2 進数で 101 という数字は（10 進数で）
$$1 \cdot 2^2 + 0 \cdot 2^1 + 1 \cdot 2^0 = 5$$
を表します。
- $1 \oplus 1 = 0 \oplus 0 = 0$，$1 \oplus 0 = 0 \oplus 1 = 1$ を満たす演算 $\oplus$ を排他的論理和と言います。

例 2：(2,3,3) は 2 進数で表すと，10,11,11 となる。各々をたし算すると 32（排他的論理和は 10）となり奇数が存在するので，必勝形でない。

排他的論理和 10 のことを (2,3,3) のニム和と言ったりもします。ちなみに，山が 2 つのときは，「(a,b) が必勝形 $\Longleftrightarrow$ $a = b$」となります。確認してみてください。

ニムの必勝法の概略

ニムには「必勝法」が存在します。自分の手番終了後に必勝形に持っていけば勝てるというものです。

注意「必勝形」と言うとその状態で回ってきた方が有利っぽいので本当は「必敗形」と呼ぶべきかもしれませんが，語呂が悪いので必勝形と呼ぶことにします。

スタートが「必勝形でない状態」ならば，以下のようにすることで先手が勝てます。

スタートが「必勝形」なら，立場が逆転するので後手が勝てます。

「必勝形でない状態」からスタートしたときの先手必勝法：

(1)「必勝形でない状態」からうまく石を取れば「必勝形」になるので自分の手番終了後は常に「必勝形」になる。

(2)「必勝形」からどのように石を取っても「必勝形でない状態」になるので相手の手番終了後は常に「必勝形でない状態」になる。

(3) 石がない状態（終了状態）は「必勝形」なので，終了状態は自分の手番終了後に来るはず！

(3) は自明ですが，(1)，(2) の主張は証明しなければなりません。とは言っても両方ともけっこう簡単です。

必勝法であることの証明

(1) について：

一番数の大きい山から適切な個数だけ石を取れば，ニム和を0にできます。具体的には一番大きい山以外のニム和を打ち消すような個数を残せばOKです。

例：$(2,3,3,5)$ のとき

一番数の大きい山以外の山 $(2,3,3)$ のニム和は10であった。よって，これを打ち消すような数10がほしい。よって，5の山から3つ石を取れば $(2,3,3,2)$ となり，ニム和は0となる。つまり必勝形にできた。

(2) について：

（全体のうち残りはそのままで 1 つだけ値を変えると，どこかの桁の排他的論理和は必ず変わるので）どのように石を取ってもニム和は変化してしまいます。そのため必勝形（=ニム和が 0 である状態）からどのように石を取っても「必勝形でない状態」になります。

ちなみに，最後の石をとった人が負けというルールでもほとんど同様に必勝法が作れます。

一言コメント

必勝法を知ると友達とニムをやりたくなりますが，毎回 2 進数の和をカリカリ計算するのはカッコ悪いですね。2 進数の和を頭の中で素早く計算できる頭脳がある人は，ぜひニムの必勝法を披露してみましょう。

43 斜方投射の公式の導出と飛距離を伸ばす方法☆

斜方投射：空気抵抗を考慮しない斜方投射において，一番遠くまで飛ばすには 45° の角度で投げればよい。

斜方投射についての公式（軌跡，到達地点など），および 45° が最適である理由を解説し，さらに，斜方投射で飛距離を伸ばす方法について考えます。

 斜方投射の考え方

まずは x 方向と y 方向に分解して考えます。時刻 t における位置 (x,y) を求めるのが目標です。時刻 t における速度を (v_x,v_y) とします。

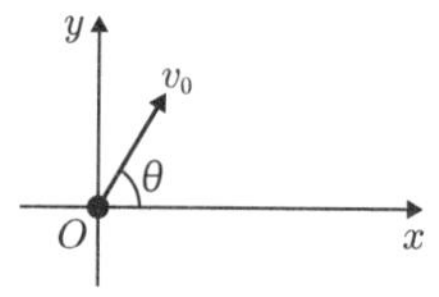

x 方向の初速：$v_0\cos\theta$
y 方向の初速：$v_0\sin\theta$

- x 方向には力が加わらず，等速運動をするので，
  $v_x = v_0\cos\theta$
  $x = (v_0\cos\theta)t$
- y 方向には重力 $-mg$ が加わり，等加速度運動をするので
  $v_y = v_0\sin\theta - gt$
  $y = (v_0\sin\theta)t - \frac{g}{2}t^2$

物理的な考え方はここまでです。ここからは数学です。

斜方投射の軌跡の導出

斜方投射の軌跡：斜方投射の軌跡は放物線となる。

証明　x と y の式から t を消去すると，

$$y=(v_0\sin\theta)\frac{x}{v_0\cos\theta}-\frac{g}{2}\frac{x^2}{(v_0\cos\theta)^2}$$

整理すると，

$$y=(\tan\theta)x-\frac{g}{2{v_0}^2\cos^2\theta}x^2$$

これは xy 平面上で放物線を表す。

このように軌跡は $y=Ax^2+Bx$ という形の放物線で表すことができました（そもそも「放物線」と呼ばれるのは物を投げたときにあらわれる曲線だからです）。

斜方投射の落下点

「飛距離を出すには 45° で投げるのが一番よい」ということを証明します。数学 II で習う倍角の公式：$\sin 2\theta=2\sin\theta\cos\theta$ が登場します！

証明　放物線の式において $y=0$ を代入すると，

$$x\left(\tan\theta-\frac{gx}{2{v_0}^2\cos^2\theta}\right)=0$$

これを解くと，

$$x=0,\ \frac{2{v_0}^2\sin\theta\cos\theta}{g}$$

よって，落下点（到達地点）の x 座標は

$$\frac{2{v_0}^2\sin\theta\cos\theta}{g}=\frac{{v_0}^2\sin 2\theta}{g}$$

v_0 を固定して θ の関数と見ると，$\theta=45°$ のときに最も遠くまで飛ぶことがわかる。そのときの飛距離は $\frac{{v_0}^2}{g}$

遠くに投げるには

遠くに投げたい，飛ばしたいという欲求は自然です（ホームランを打ちたい，体力テストのソフトボール投げでよい点数をとりたい，砲丸投げで金メダルをとりたいなど）。そこで，遠くへ飛ばす方法について考えてみました。

- **45° のとき一番遠くに飛ぶというのは直感的にもそれなりに正しそう。**
  →θ が小さすぎるとすぐに落下してしまい（ライナー），θ が大きすぎると滞空時間は長いですが飛距離は伸びません（内野フライ）。ホームランを打つには 45° に近い角度が必要です。
- **45° という条件はそんなにシビアではない。**
  →たとえば，少し失敗して 40° で投げてしまった場合，$\sin 2\theta=0.9848\cdots$ となります。つまり飛距離が 98.5％程度になります。1.5％しか減りません。50° でも同じです。もっとミスって 35° とか 55° になってしまっても 93％程度です。
- **そんなことより v_0 を上げる努力を！**
  →一方で，飛距離は ${v_0}^2$ に比例するので v_0 を 1.1 倍にできれば飛距離は 1.21 倍になります。

- **助走をつけるのも有効。**

→助走をつけて投げると飛距離が出ます。たとえば時速 20km で猛ダッシュしながら時速 80km の初速で投げた場合，助走なしの場合よりも 35%くらい飛距離がアップします（最適な角度は 45° よりもやや高くなります）。ちなみに時速 20km＝50 メートル走 9 秒くらいですから，がんばれば実現できそうです。ただし，猛ダッシュしながらいつもどおりの初速 v_0 を出すのは至難の技です。

一言コメント

物理（特に力学）の問題は単に解くだけではなくて，現実世界とどれくらい一致しているのか，一致していないならどの仮定がよくないのか考えると理解が深まります。

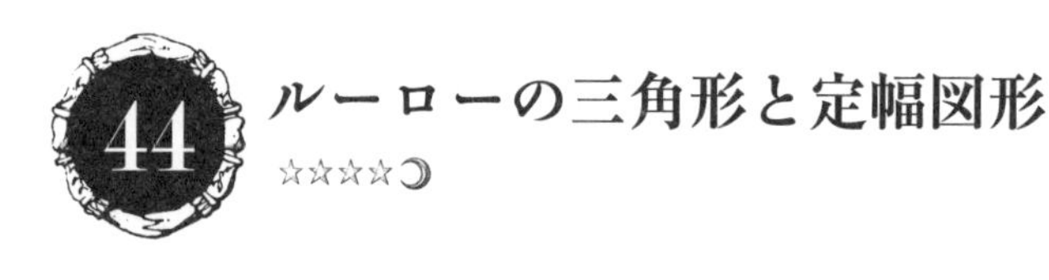

ルーローの三角形と定幅図形

☆☆☆☆☽

ルーローの三角形と定幅曲線について，意味や応用などを解説します。

ルーローの三角形とは

正三角形の各辺を円弧にして膨らませた図形（以下の3手順で構成される図形）をルーローの三角形と言います。

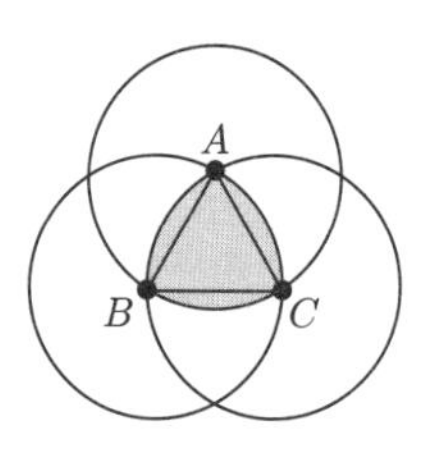

(1) 1辺の長さが r の正三角形 ABC を書く
(2) 各頂点を中心とし，半径が r の円を書く
(3) 全ての円の内部にある領域（グレーの部分）をルーローの三角形と呼ぶ

ルーローの三角形は「三角形」と名前がついていますが，境界は曲線です。

なお，似たような方法でルーローの n 角形（n は3以上の奇数）も考えることができます。

定幅図形

ルーローの三角形の著しい性質として，定幅図形であることが挙げられます。定幅図形とは，その名の通り（どの方向から測っても）幅が一定である図形のことです。たとえば円や球は定幅図形です。特に，2次元の（閉曲線である）定幅図形を定幅曲線と言います。

ルーローの三角形はどの方向から測っても幅が r であることは簡単に確認できます。先の図で確認してみてください！

定幅曲線の応用

- **マンホール**

定幅図形でないと「フタが外れたときに穴に落ちてしまう」のでマンホールには定幅図形を用いるのがよいという話は有名です（しかし実際は，四角形のマンホールもたくさんありますし，ルーローの三角形のマンホールは見かけない気がします）。

- **掃除機（お掃除ロボット）**

ルーローの三角形は定幅図形だから隅々まで掃除できるというアイディアです。固定した正方形の中でルーローの三角形を回転させると（重心の位置は変化します）円の場合よりも効率よく掃除できそうです。ただし，正方形内を完全に掃くことはできません。下図のように，端っこが少しだけ残ります。

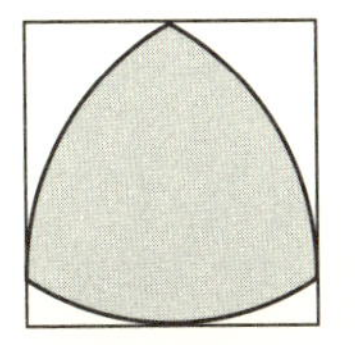

正方形は固定され、ルーローの三角形が回転する。

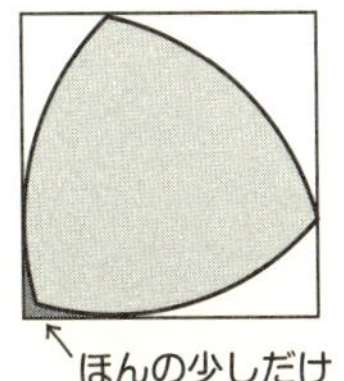

ほんの少しだけ掃過できない。

他にもルーローの三角形は，正方形（に近い形）の穴をあけるためのドリルやロータリーエンジンにも使われているようです。

バルビエの定理

定幅曲線に関する美しい定理です！

バルビエの定理：幅が一定の定幅曲線の周の長さは全て同じである。

例：半径 $\frac{r}{2}$ の円および幅 r のルーローの三角形はどちらも幅が r の定幅曲線だが，その周の長さはどちらも πr である。
円 $\Rightarrow 2\pi \times \frac{r}{2} = \pi r$
ルーローの三角形 $\Rightarrow 2\pi r \times \frac{1}{6} \times 3 = \pi r$

なお，バルビエの定理の証明には簡単な微分幾何（大学3年レベルの数学）が必要なので割愛します。

一言コメント
ルーロー（Reuleaux，スペルがけっこう難しい）は19世紀に活躍したドイツの機械工学者です。

4色定理の紹介と5色定理の証明

☆☆☆☆☆☽

4色定理：任意の地図は4色で塗り分けることができる。

4色定理について

地図の各領域に色を塗りたい，そのとき隣り合う領域は同じ色にはしたくないという状況を考えています。アメリカの本土とアラスカのような飛び地は考えません。1つの面を1つの色で塗ります。

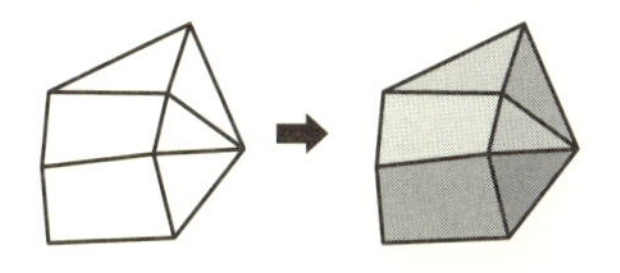

図は非常に単純な例ですが，地図がどんなに複雑でも4色で塗れる！というのが4色定理です。主張が非常にシンプルで美しいため有名な定理です。

証明は非常に複雑（コンピュータを使った力技が必要）です。一方，5色定理（4色定理の主張の「4色」を「5色」に変えた弱い定理）は証明が一気に簡単になり，高校生でも理解できます。

というわけで，この節では5色定理の証明を解説します。

準備1：平面グラフの頂点彩色に帰着

与えられた地図に対して，以下のようなグラフ G（頂点とそれらを結ぶ辺からなるネットワークのようなもの）を構成します。

- G の頂点は地図の面に対応

- 地図で隣接している面どうしに辺を引く

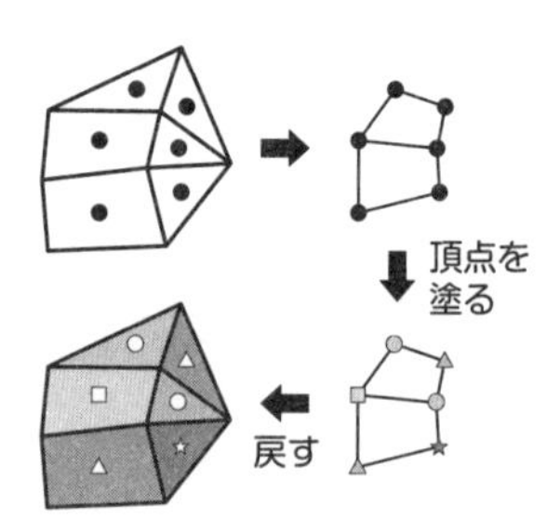

そして「隣接する領域が異なる色になるように，5色で地図の面を塗る」という当初の目標を「どの辺の両端点も異なる色になるように，5色で G の頂点を塗る」と言い換えます。

G が平面グラフ（平面に交差なしで書けるグラフ→ p.192, ㊼）になることに注意すると，以下の定理を証明すればよいことがわかります。

定理：平面グラフは5彩色可能（5色あればどの辺の両端点も異なる色になるように頂点を塗れる）。

準備2：次数5以下の頂点の存在

5色定理の証明の準備その2です。

補題：平面グラフには次数（隣接する頂点数）が5以下の点が必ず存在する。

証明　平面グラフ G の全ての頂点の次数が6以上と仮定する。
G の頂点，辺，面の数をそれぞれ V,E,F とする。
各頂点に6本以上辺が集まるので，$6V \leqq 2E$

各面の境界に含まれる辺の数は3以上なので $3F \leqq 2E$
これらの不等式とオイラーの定理（→ p.193, ㊼）より，

$$
\begin{aligned}
2 &= V - E + F \\
&\leqq \frac{1}{3}E - E + \frac{2}{3}E \\
&= 0
\end{aligned}
$$

となり矛盾。背理法により補題が示された。

注意 面の数 F には一番外側の面（無限に広がる）もカウントされています。

5色定理の証明

以上の準備をふまえ，平面グラフ G が5彩色可能であることを V に関する数学的帰納法で証明します。

証明　$V=1$ のときは自明。以下，$V=k$ のときに成立することを仮定して，$V=k+1$ のときにも成立することを証明する。
G には補題より次数5以下の頂点が存在する。そのうちの1つを v とする。G から v（および v に接続する辺）を除いたグラフを G' とする。帰納法の仮定により G' は5彩色可能である。この彩色で G の v 以外の頂点を塗る。

- v の次数が5であり，その5つの頂点が全て異なる色で塗られている場合：
  5つの頂点を $v_1, \cdots, v_5$ とし，各頂点の色を $c_1, \cdots, c_5$ とする。v_1 から色 c_1（△）と c_3（○）で塗られた頂点のみをつたって行ける頂点の集合を V_{13} と書く。

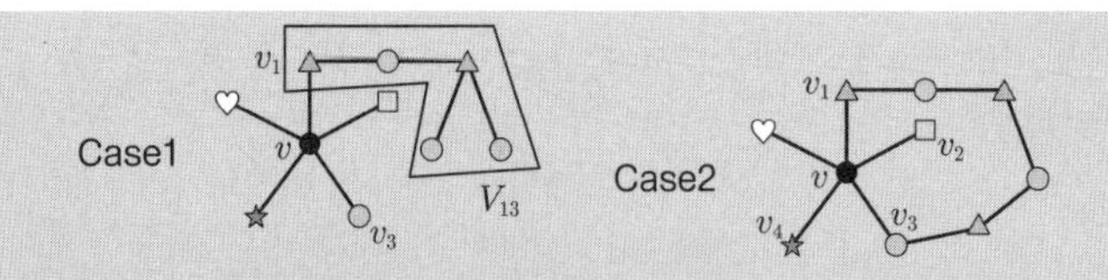

Case1： $v_3 \notin V_{13}$ のとき，

V_{13} の色 c_1 と c_3 をひっくり返せば彩色の条件を保ったまま v の周りを4色にできる。v を c_1 で塗ればよい。

Case2： $v_3 \in V_{13}$ のとき，

v_1 から v_3 に c_1 と c_3 で塗られた頂点のみからなる道が存在する。これと G の平面性から，v_2 から v_4 に c_2（□）と c_4（☆）で塗られた頂点のみからなる道は存在しない。
つまり，v_2 から色 c_2 と c_4 で塗られた頂点のみをつたって行ける頂点の集合 V_{24} の色 c_2 と c_4 をひっくり返せば v の周りが4色になる。v を c_2 で塗ればよい。

- そうでない場合：
余った色で v を塗ればよい。

一言コメント

4色定理は，結果は非常に美しいのに証明が美しくない定理として有名です。テレビドラマなどに登場するくらい有名です。

ラムゼーの定理と６人の問題 ☆☆☆☆☽

ラムゼー問題：６人いると「互いに知り合いである３人組」か「互いに知らない３人組」が存在することを証明せよ。

「パーティー問題」「Theorem on friends and strangers」などとも呼ばれている有名な問題です。

問題の解答

方針

言葉で表現すると大変なので，グラフを用います。つまり，６人をそれぞれ点で表し，知り合いを実線で結び，知らない人を点線で結びます（全ての２点間には実線か点線が引かれます）。このグラフにおいて実線の三角形か点線の三角形が必ず１つは存在することを示せばよいのです。

証明　１つの点 A に注目すると，５本辺が出ているので，そのうち３本以上は同じ種類である。実線が３本以上出ているとして一般性を失わない。その相手を B,C,D とする。

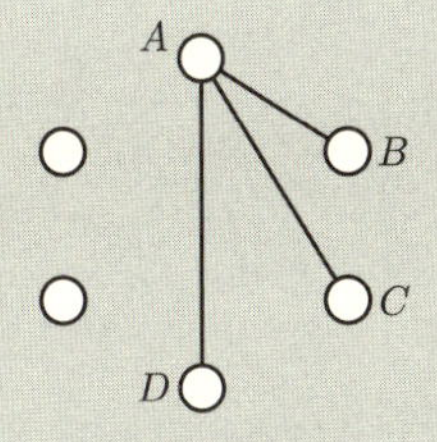

- BC を結ぶ辺が実線 → ABC が実線の三角形
- CD を結ぶ辺が実線 → ACD が実線の三角形

- DB を結ぶ辺が実線 → ABD が実線の三角形
- 上記のいずれでもない → BCD が点線の三角形

となり，いずれの場合も実線の三角形または点線の三角形が存在することがわかる。

このようにグラフを用いた方が簡潔に表現できます。世の中のいろいろな組み合わせ的な構造を表現する際に，「記述の道具」としてグラフ理論を知っていると便利です。

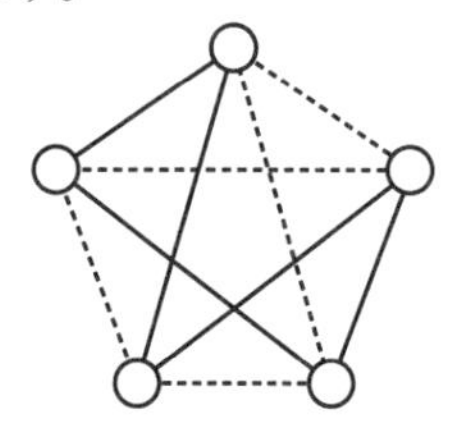

ちなみに，5人の場合は上図のようにがんばれば実線の三角形も点線の三角形もつくらずにグラフが作れます。

つまり，どの3人に注目しても知り合いである2人組も知り合いでない2人組も存在するのです。

ラムゼーの定理

上記の問題を一般化します。「完全グラフ」とは全ての頂点間に辺が張り巡らされたグラフのことです。

ラムゼーの定理：A, B は任意の定数とする。頂点数 n の完全グラフの全ての辺を実線と点線に分けるとき，n が十分大きければ「頂点数 A の実線の完全グラフ」または「頂点数 B の点線の完全グラフ」が必ず存在する。
この条件を満たす最小の n をラムゼー数と呼び，$R(A, B)$ と表す。

ラムゼー数が無限大に発散せずにきちんと存在するというのがラムゼーの定理です。定理の主張はほとんど自明に思えるかもしれませんが，厳密に示そうとするとけっこうめんどくさいです。

補足

- 先ほど示したことはラムゼー数 $R(3,3)$ が 6 であるということです。（パーティー問題の結果が $R(3,3) \leqq 6$ を表しており，頂点数 5 の場合にうまく塗り分けできることが $R(3,3) > 5$ を表しています）。
- A, B が一般の場合にラムゼー数を求めるのは非常に難しい問題です。
- 塗り分けの色の数を増やしてさらに一般化することもできます。

以下の問題（国際数学オリンピック 1992 年第 3 問）は，6 人の問題とその証明を知っていると非常に有利になる問題です。練習問題にどうぞ！

問題： 17 人それぞれが他の全員と互いに手紙をやりとりしている。その手紙では 3 つの話題のみがやりとりされている。そして，同じ 2 人組の間でなされる話題は常に同じ（1 つの）話題である。このとき，互いに同じ話題の手紙をやりとりした 3 人組が存在することを証明せよ。

一言コメント

数学系の飲み会で「自分の好きな定理はラムゼーの定理です。今日は初対面の人が多いですが，いっぱい交流して（友達どうしを辺で結ぶとして）完全グラフになりましょう」という挨拶をした人がいます。

47 平面グラフとオイラーの定理の応用

☆☆☆☆☆☽

平面グラフに関する定理：完全グラフ K_5 および完全2部グラフ $K_{3,3}$ は平面グラフでない（平面に交差なしで書けない）。

平面グラフとは

頂点以外の点で辺が交差しないように平面に書けるようなグラフ（頂点と線からなるネットワークのような構造）を平面グラフといいます。

なお，グラフ理論では平面に「描く」と言わずに「埋め込む」と言うので，以下でも「埋め込む」という言葉を使います。

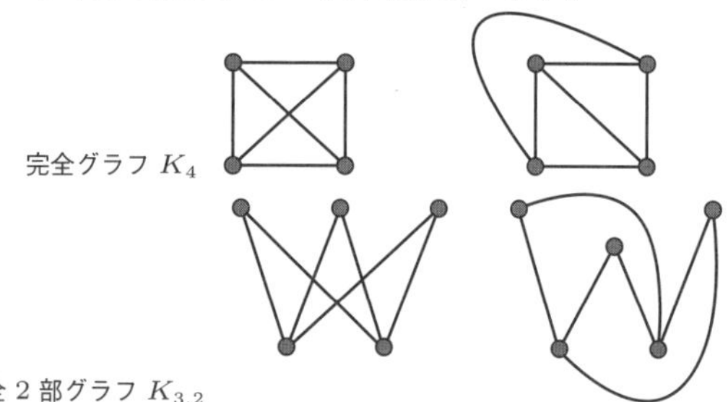

完全グラフ K_4

完全2部グラフ $K_{3,2}$

たとえば，完全グラフ K_4（→注意）は左上図のように埋め込むと頂点以外で交差してしまっていますが，工夫すれば右上図のように交差なしで埋め込むことができるので平面グラフです。

同様に，完全2部グラフ $K_{3,2}$（→注意）も左下図ではダメですが，右下図のように交差なしで埋め込めるので平面グラフであることがわかります。

注意 完全グラフ K_n とは，n 個の頂点からなるグラフで，その任意の 2 点が辺で結ばれているものです。

完全 2 部グラフ $K_{m,n}$ とは m 個の頂点からなるグループと n 個の頂点からなるグループがあり，異なるグループに属する 2 頂点の間が全て辺で結ばれているものです。

本節の目標は K_5，$K_{3,3}$ が平面グラフでないことを証明することです。K_5 や $K_{3,3}$ はどうがんばっても平面に交差なしで埋め込めないのです！

オイラーの定理

K_5 や $K_{3,3}$ が平面グラフでないことを証明するためにオイラーの定理を用います。

オイラーの定理：平面グラフを平面に交差なしで埋め込んだとき，頂点の数を v，辺の数を e，面の数を f（一番外側の領域も 1 つの面とみなす）とすると

$$v-e+f=2$$

が成立する。

たとえば，先ほどの K_4 の例（右上図）では $v=4, e=6, f=4$ となりオイラーの定理が成立しています。

証明は，空間図形（凸多面体）におけるオイラーの多面体定理と同様です。p.154, ㊲の Step2 以降を参照してください。

完全グラフ K_5 が平面グラフでないことの証明

方針

オイラーの定理を用いて，「平面グラフなら辺の数はそこまで多くはならない」という不等式を導きます。そして，K_5 は辺の数が多すぎてそ

の制約を破っていることを示します。

証明

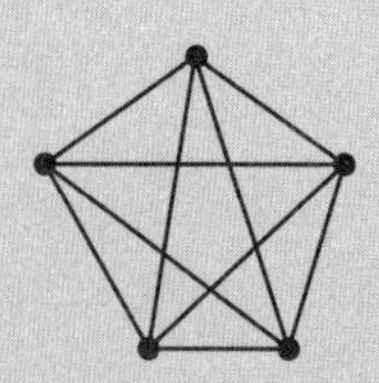

完全グラフ K_5

平面グラフは平面に交差なしで埋め込める。そのとき，各面には最低3本以上の辺が境界として使われている。よって，のべ $3f$ 本以上の辺が境界として使われている。また，1つの辺は2つの面の境界として使われている。よって，

$$2e \geqq 3f$$

が成立する。
これとオイラーの定理：$f=2-v+e$ を用いて f を消去すると，

$$2e \geqq 3(2-v+e)$$

よって，

$$e \leqq 3v-6$$

を得る。平面グラフなら上の不等式を満たしていないといけない。しかし，K_5 は $v=5, e=10$ であり，上の不等式を満たしていないので，平面グラフではない。

完全2部グラフ $K_{3,3}$ が平面グラフでないことの証明

大筋は先ほどと同じですが，$K_{3,3}$ の場合には $e \leqq 3v-6$ ではうまくいきません。2部グラフであることを使って，より強い不等式を導きます。

証明

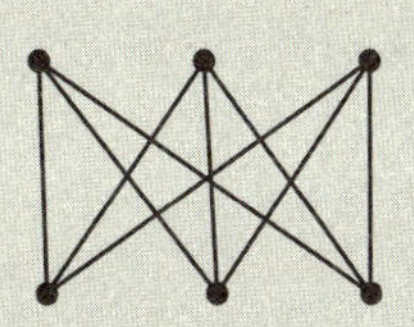

完全2部グラフ $K_{3,3}$

平面2部グラフは平面に交差なしで埋め込んだときに，1つの面の境界として使われる辺の数は偶数である（奇数角形が存在すると頂点を2グループに分けられない）。よって，各面には最低4本以上の辺が境界として使われている。
したがって，先ほどと同様に

$$2e \geqq 4f$$

を得る。オイラーの定理と合わせて，

$$e \geqq 2(2-v+e)$$

を得る。これを整理すると

$$e \leqq 2v-4$$

となる。平面2部グラフなら上の不等式を満たしていないといけない。しかし，$K_{3,3}$ は $v=6, e=9$ であり，上の不等式を満たしていないので，平面グラフではない。

クラトフスキーの定理

最後に，非常に発展的な話題ですが，クラトフスキー (Kuratowski) の定理を紹介しておきます。与えられたグラフが平面グラフかどうか判定するために使える偉大な定理です。

> **クラトフスキーの定理**：グラフ G が平面グラフ
> $\Longleftrightarrow G$ は K_5 および $K_{3,3}$ をマイナーとして含まない。

「マイナーとして」という部分は厳密に説明するのはやや大変です。気になる人は調べてみてください。

K_5 や $K_{3,3}$ は平面グラフではないということから $\Rightarrow$ は上記の議論でなんとなく納得できるでしょう。$\Leftarrow$ がすごい結果です。証明はかなり難しいです。

一言コメント

K_5 や $K_{3,3}$ は平面グラフではありませんが，実はドーナツ（数学用語ではトーラスと言う）の表面には交差なしで埋め込めます。トーラスは，上と下がつながっていて右と左がつながっている不思議な世界です。

*――第0章の問題53の答えは，
　手が3本の動物4匹……K_4 の場合なので，OK,
　手が4本の動物5匹……K_5 の場合なので，NG
となります。

第5章

難解な定理・公式も,
本質が見えるとおもしろい

座標から四面体の体積を求める公式☆☆☆

座標平面上の三角形の面積および座標空間上の四面体の体積を高速に求めるための公式を紹介します。

座標上の三角形の面積および四面体の体積：

(i) 座標平面上の3点 $O(0,0), A(a,b), B(c,d)$ に対して，三角形 OAB の面積は，

$$\frac{1}{2}|ad-bc|$$

(ii) 座標空間上の4点 $O(0,0,0)$，$A(x_1,y_1,z_1)$，$B(x_2,y_2,z_2)$，$C(x_3,y_3,z_3)$ に対して，四面体 $OABC$ の体積は，

$$\frac{1}{6}|y_1z_2x_3+z_1x_2y_3+x_1y_2z_3-z_1y_2x_3-x_1z_2y_3-y_1x_2z_3|$$

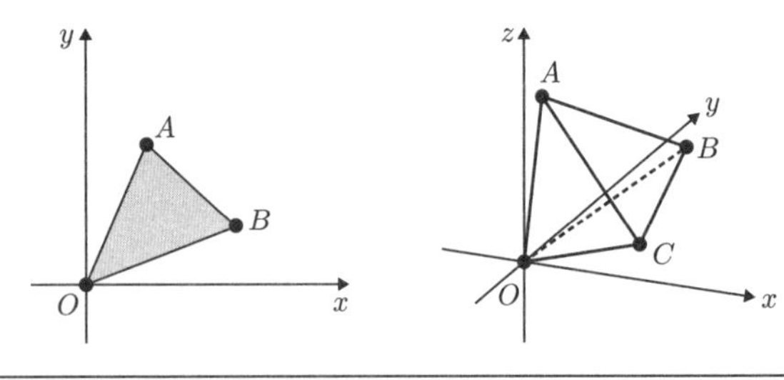

公式 (ii) の覚え方

公式 (ii) をそのまま覚えるのは厳しいので，サラスの規則と呼ばれる次の方法を用いて覚えます:

「左上から右下に向かう方向にかけてたす」－「右上から左下に向か

う方向にかけてたす」(図参照)，最後に $\frac{1}{6}$ 倍する。

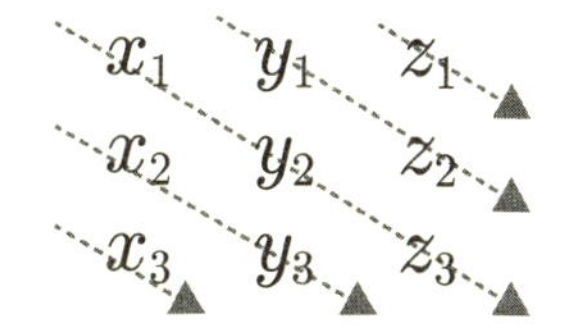

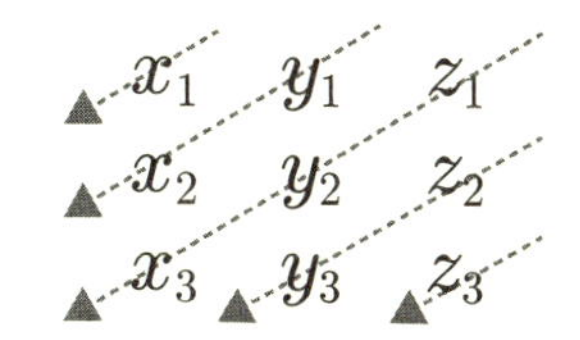

公式 (ii) を使う際の諸注意

(i) を暗記している人は多いですが，(ii) を知っている人はけっこう少ないです。(ii) を使いこなせるようになれば，単純な場合だと 30 秒以内に四面体の体積を求めることができるので，多くの場面で活躍します。(i) の場合には最後に $\frac{1}{2}$ 倍，(ii) の場合には最後に $\frac{1}{6}$ 倍するのを忘れやすいので注意しましょう。

ちなみに，面積 or 体積を求めたい図形の頂点に原点が含まれない場合は，いずれかの頂点が原点に重なるように全ての頂点を平行移動して考えます。

例　$A(1,3), B(-1,-3), C(0,-1)$ として三角形 ABC の面積を求めたいときは，各頂点を y 方向に 1 ずらして $A'(1,4)$，$B'(-1,-2)$，$C'(0,0)$ として

$$\begin{aligned}\text{三角形 } ABC \text{ の面積} &= \text{三角形 } A'B'C' \text{ の面積} \\ &= \frac{|1\cdot(-2)-4\cdot(-1)|}{2} = 1\end{aligned}$$

とすればよい。

公式 (ii) の証明

愚直に体積を計算していく方針ですが，座標空間の便利な道具を駆使することで簡単な計算で証明できます。使う道具は以下の3つです：

- ベクトルの外積（→ p.110, ㉖）
- 平面の方程式（→ p.109, ㉖）
- 点と平面の距離公式（→ p.144, ㉞ 補足 の2つ目）

証明　三角形 OAB を底面とする四面体と見て体積を計算する。
三角形 OAB の面積 S は，

$$
\begin{aligned}
S &= \frac{1}{2}OA \times OB \times \sin\angle AOB \\
&= \frac{1}{2}OA \times OB \times \sqrt{1-\cos^2\angle AOB} \\
&= \frac{1}{2}\sqrt{OA^2OB^2-(\overrightarrow{OA}\cdot\overrightarrow{OB})^2} \\
&= \frac{1}{2}\sqrt{({x_1}^2+{y_1}^2+{z_1}^2)({x_2}^2+{y_2}^2+{z_2}^2)-(x_1x_2+y_1y_2+z_1z_2)^2} \\
&= \frac{1}{2}\sqrt{(y_1z_2-y_2z_1)^2+(z_1x_2-z_2x_1)^2+(x_1y_2-x_2y_1)^2}
\end{aligned}
$$

次に，三角形 OAB を含む平面の方程式を求める。
法線ベクトルはベクトルの外積を用いて，

$$\overrightarrow{OA}\times\overrightarrow{OB}=(y_1z_2-y_2z_1, z_1x_2-z_2x_1, x_1y_2-x_2y_1)$$

と表せるので，求める平面が原点を通ることに注意すると，

$$(y_1z_2-y_2z_1)x+(z_1x_2-z_2x_1)y+(x_1y_2-x_2y_1)z=0$$

となる。
最後に三角形 OAB と点 C の距離 h を求める。
点と平面の距離公式より，

$$h=\frac{|(y_1z_2-y_2z_1)x_3+(z_1x_2-z_2x_1)y_3+(x_1y_2-x_2y_1)z_3|}{\sqrt{(y_1z_2-y_2z_1)^2+(z_1x_2-z_2x_1)^2+(x_1y_2-x_2y_1)^2}}$$

ここで，求める体積は $\frac{1}{3}Sh$ だが，S と h の分母が打ち消し合って h の分子の $\frac{1}{6}$ 倍が残る。よって (ii) が証明された。

一言コメント

本節の公式の背後には「行列式」があります。行列式は大学の線形代数で習う非常に美しい概念です。

49 チェビシェフ多項式☆☆☆

定理1：$\cos n\theta$ は $\cos\theta$ の n 次多項式で表せる。

そのような n 次多項式をチェビシェフ多項式と呼び，$T_n(x)$ と表します。

チェビシェフ多項式の具体例

様子をつかむために n が小さい場合で実験してみます。まず，倍角の公式

$$\cos 2\theta = 2\cos^2\theta - 1$$

より，$T_2(x) = 2x^2 - 1$ です。また，3倍角の公式

$$\cos 3\theta = 4\cos^3\theta - 3\cos\theta$$

より，$T_3(x) = 4x^3 - 3x$ です。さらに，

$$\cos 4\theta = 2\cos^2(2\theta) - 1 = 8\cos^4\theta - 8\cos^2\theta + 1$$

より，$T_4(x) = 8x^4 - 8x^2 + 1$ です。

コサインではうまくいきますが，サインではうまくいきません。たとえば，$\sin 2\theta = 2\sin\theta\cos\theta$ となり，$\sin\theta$ の2次式で表すことはできません。しかし，実は以下のような定理があります：

定理2：$\sin n\theta$ は「$\sin\theta$」と「$\cos\theta$ の $n-1$ 次多項式」の積で表せる。

たとえば $n=2$ では上記の通り OK ですし，$n=3$ だと

$$\sin 3\theta = \sin\theta(4\cos^2\theta - 1)$$

となり，確かに定理 2 が成立しています。

チェビシェフ多項式の証明と漸化式

加法定理を用いることで，チェビシェフ多項式の存在を帰納的に証明すると同時に，漸化式を導きます。cos の和積公式に cos しか現れないのがポイントです。

定理 1 の証明　n に関する帰納法で証明する。$n=1, 2$ のとき成立。cos の和積公式

$$\cos x + \cos y = 2\cos\frac{x+y}{2}\cos\frac{x-y}{2}$$

において $x=(n+2)\theta, y=n\theta$ とすると，

$$\cos(n+2)\theta = 2\cos(n+1)\theta\cos\theta - \cos n\theta$$

となるので，$n, n+1$ のときに定理が成立すると仮定すると，$n+2$ のときも成立。

また，上記の式より以下の漸化式が導かれます：

$$T_{n+2}(x) = 2xT_{n+1}(x) - T_n(x)$$

同様に定理 2 に関しては，

- $\sin(n+1)\theta = \sin n\theta\cos\theta + \cos n\theta\sin\theta$
- $\cos n\theta$ が $\cos\theta$ の n 次多項式で表せる（定理 1）

を用いて帰納法で証明できます。

国際数学オリンピックの問題に挑戦

チェビシェフ多項式に関係する問題として，1963 年国際数学オリンピック，ポーランド大会の第 5 問を紹介します。

問題： $\cos\frac{\pi}{7}-\cos\frac{2\pi}{7}+\cos\frac{3\pi}{7}=\frac{1}{2}$ を示せ。

解答： $\cos\frac{\pi}{7}+\cos\frac{3\pi}{7}+\cos\frac{5\pi}{7}=\frac{1}{2}$ を示せばよい。

$\theta=\frac{\pi}{7},\frac{3\pi}{7},\frac{5\pi}{7}$ はそれぞれ $7\theta=(2n-1)\pi$ $(n=1,2,3)$ を満たすのでいずれの場合も

$$\cos 3\theta=-\cos 4\theta$$

を満たす。チェビシェフ多項式を用いて両辺を $\cos\theta$ だけで表す ($\cos\theta=c$ とおく)：

$$4c^3-3c=-8c^4+8c^2-1$$

次に，$\theta=\pi$ が解であること，つまり $c=-1$ が解であることを利用して因数分解する：

$$(8c^3-4c^2-4c+1)(c+1)=0$$

ここで，$\theta=\frac{\pi}{7},\frac{3\pi}{7},\frac{5\pi}{7}$ に対して $c=\cos\theta$ はこの方程式の解であり，3 つとも -1 と異なるのでこの 3 つの解は，$8c^3-4c^2-4c+1=0$ の解である。よって解と係数の関係から題意は示された。

一言コメント

3 倍角の公式を習ったときに，じゃあ n 倍角はどうなるのだろう？という疑問を持ってほしいです。

tan 1° が無理数であることの証明

☆☆☆

問題：tan 1° は有理数か。

これは2006年度の京都大学の入試問題として出題された問題です（問題文が最も短い入試問題として有名です）。ほとんどの受験生が解けなかったとの噂がある難問です。

有理数であることか無理数であることかを証明せねばなりません。2つの方針のうち一方しかうまくいかないので，この手の問題でどちらの道を選ぶかは自分の直感に頼らざるを得ません。

実は，無理数であることを証明するのがうまくいきます。直感が優れている人は tan 1° は「汚そうな数」なので無理数だろうと当たりをつけることができるでしょう。

 tan 1° が無理数であることの証明

方針

無理数であることの証明は背理法を使うとわかりやすい場合が多いです（→ p.35, ⑦）。つまり，有理数であることを仮定して矛盾を示します。tan 1° が有理数であれば加法定理を用いて，そこから他の数が有理数であることも導けます。

証明　tan 1° が有理数であると仮定して矛盾を導く。
tan の倍角公式より $\tan\alpha$ が有理数なら

$$\tan 2\alpha = \frac{2\tan\alpha}{1-\tan^2\alpha}$$

も有理数である。よって，$\tan 2^\circ, \tan 4^\circ, \cdots, \tan 64^\circ$ も全て有理数であることがわかる。
また，tan の加法定理：

$$\tan(\alpha-\beta)=\frac{\tan\alpha-\tan\beta}{1+\tan\alpha\tan\beta}$$

より，$\tan\alpha, \tan\beta$ が有理数なら $\tan(\alpha-\beta)$ も有理数。
よって，$64-4=60$ なので $\tan 60^\circ$ も有理数。
しかし，$\tan 60^\circ=\sqrt{3}$ なので矛盾（→注意）。

注意 厳密には $\sqrt{3}$ が無理数であることも証明するべきでしょう。

cos 1° が無理数であることの証明

ついでに $\sin 1^\circ$ と $\cos 1^\circ$ が無理数であることも証明してみます。$\tan 1^\circ$ と似たような手法で証明したいのですが，sin や cos の加法定理は sin と cos が入り乱れていて，片方だけを取り扱うのは難しいです。

「cos だけ」または「sin だけ」の式を探す必要があります。cos の倍角公式や3倍角の公式は cos だけの式なのでうまくいきそうですが，それだけでは行き詰まります。ここで思い浮かんでほしいのが，倍角公式を発展させたチェビシェフ多項式です（→ p.202, ㊾）。

$\cos n\theta$ が $\cos\theta$ の n 次式で表せるという事実に気がつけば，cos の方の証明は簡単です。

cos 1° が無理数であることの証明
$\cos 1^\circ$ が有理数であると仮定すると，$\cos 30^\circ$ は $\cos 1^\circ$ の 30 次式で表されるので有理数。
これは $\cos 30^\circ=\dfrac{\sqrt{3}}{2}$ が無理数であることに矛盾。

sin 1° が無理数であることの証明

最後は sin です。sin と cos は本質的に同じものなので，片方できたらそれに似た方法でもう片方もできます。

sin 1° が無理数であることの証明

$\sin 1^\circ$ が有理数であると仮定すると，$\cos 89^\circ = \cos(90^\circ - 1^\circ)$ も有理数。

よって，チェビシェフ多項式の理論から任意の自然数 n に対して $\cos 89n^\circ$ も有理数。

あとはうまく n を選んで矛盾を導けばよい。

とりあえず小さな n で実験してみると規則性が見えてくる。

$n=5$ とすると $\cos(89\cdot 5)^\circ = \cos 85^\circ$

$n=9$ とすると $\cos(89\cdot 9)^\circ = \cos 81^\circ$

どんどん増やしていくと

$n=45$ で $\cos(89\cdot 45)^\circ = \cos 45^\circ$

も有理数であることが導けるが，これは $\dfrac{\sqrt{2}}{2}$ が無理数であることに矛盾。

一言コメント

定理の主張や問題文はシンプルであればあるほど美しいことが多いです。

51 三角形の内角における和積公式 ☆☆☆☆

三角形の内角における和積・積和公式：
$A+B+C=180°$ のとき以下の関係式が成立する：

sin 和積　$\sin A+\sin B+\sin C=4\cos\frac{A}{2}\cos\frac{B}{2}\cos\frac{C}{2}$

sin 積和　$\sin A\sin B\sin C=\frac{1}{4}(\sin 2A+\sin 2B+\sin 2C)$

cos 和積　$\cos A+\cos B+\cos C=4\sin\frac{A}{2}\sin\frac{B}{2}\sin\frac{C}{2}+1$

cos 積和　$\cos A\cos B\cos C=-\frac{1}{4}(\cos 2A+\cos 2B+\cos 2C+1)$

重要なのは，この公式を丸々覚えることではなく「三角形の内角の三角関数の和は積に，積は和に変換できる」という事実を覚えておき，必要なときにその場で導出できるようになっておくことです。

これらの式は，三角形の性質を証明するときの三角関数の煩雑な計算の見通しをよくしてくれます。この公式は左辺も右辺も対称式であり，対称性を崩すことなく計算できるからです（通常の和積・積和公式は2つの項にしか適用できないので，三角形の性質を議論する際に用いると一度対称性を崩すことになり，泥沼にハマりやすいです）。

応用例

たとえば「sin 和積」の利用例として，内接円の半径 r，外接円の半径 R についての有名な公式

$$r=4R\sin\frac{A}{2}\sin\frac{B}{2}\sin\frac{C}{2}$$

を以下のように自然に証明することができます。

証明　$BC=a, CA=b, AB=c$ とおく。内接円の半径 r と面積 S の関係式から，

$$S=\frac{1}{2}r(a+b+c)$$

また，外接円の半径 R と面積 S の関係式（→ p.100, ㉔）から，

$$S=\frac{abc}{4R}$$

2 つの式から S を消去すると，

$$\frac{abc}{4R}=\frac{1}{2}r(a+b+c)$$

ここで，正弦定理（$a=2R\sin A$ など）を用いて辺の情報を角度の情報に変換する：

$$\frac{8R^3}{4R}\sin A\sin B\sin C=\frac{r\cdot 2R}{2}(\sin A+\sin B+\sin C)$$

$$2R^2\sin A\sin B\sin C=rR(\sin A+\sin B+\sin C)$$

左辺を倍角公式，右辺を「sin 和積」で変形する：

$$16R\sin\frac{A}{2}\cos\frac{A}{2}\sin\frac{B}{2}\cos\frac{B}{2}\sin\frac{C}{2}\cos\frac{C}{2}=4r\cos\frac{A}{2}\cos\frac{B}{2}\cos\frac{C}{2}$$

この式を整理して

$$r=4R\sin\frac{A}{2}\sin\frac{B}{2}\sin\frac{C}{2}$$

を得る。

公式の証明

通常の和積・積和公式を用いて証明していきます。証明では一度対称性を崩すことになり，煩雑な計算をすることになります。

sin 和積の証明

$$
\begin{aligned}
&\sin A+\sin B+\sin C\\
&=2\sin\frac{A+B}{2}\cos\frac{A-B}{2}+\left(2\sin\frac{C}{2}\cos\frac{C}{2}\right)\\
&=2\cos\frac{C}{2}\cos\frac{A-B}{2}+2\sin\frac{C}{2}\cos\frac{C}{2}\\
&=2\cos\frac{C}{2}\left(\cos\frac{A-B}{2}+\sin\frac{C}{2}\right)\\
&=2\cos\frac{C}{2}\left(\cos\frac{A-B}{2}+\cos\frac{A+B}{2}\right)\\
&=2\cos\frac{C}{2}\cdot 2\cos\frac{A}{2}\cos\frac{B}{2}\\
&=4\cos\frac{A}{2}\cos\frac{B}{2}\cos\frac{C}{2}
\end{aligned}
$$

補足

$\frac{A}{2}+\frac{B}{2}+\frac{C}{2}=90°$ なので，

$$
\sin\frac{A+B}{2}=\sin\left(90°-\frac{C}{2}\right)=\cos\frac{C}{2},\ \cos\frac{A+B}{2}=\cos\left(90°-\frac{C}{2}\right)=\sin\frac{C}{2}
$$

などが成立します。

sin 積和の証明

$$
\begin{aligned}
&\sin 2A+\sin 2B+\sin 2C\\
&=2\sin(A+B)\cos(A-B)+2\sin C\cos C\\
&=2\sin C\cos(A-B)+2\sin C\cos C
\end{aligned}
$$

$$
\begin{aligned}
&= 2\sin C(\cos(A-B)+\cos C) \\
&= 2\sin C(\cos(A-B)-\cos(A+B)) \\
&= 2\sin C\cdot 2\sin A\sin B \\
&= 4\sin A\sin B\sin C
\end{aligned}
$$

cos 和積の証明（sin 和積と同様の手順）

$$
\begin{aligned}
&\cos A+\cos B+\cos C \\
&= 2\cos\frac{A+B}{2}\cos\frac{A-B}{2}+\left(1-2\sin^2\frac{C}{2}\right) \\
&= 2\sin\frac{C}{2}\cos\frac{A-B}{2}+1-2\sin^2\frac{C}{2} \\
&= 2\sin\frac{C}{2}\left(\cos\frac{A-B}{2}-\sin\frac{C}{2}\right)+1 \\
&= 2\sin\frac{C}{2}\left(\cos\frac{A-B}{2}-\cos\frac{A+B}{2}\right)+1 \\
&= 2\sin\frac{C}{2}\cdot 2\sin\frac{A}{2}\sin\frac{B}{2}+1 \\
&= 4\sin\frac{A}{2}\sin\frac{B}{2}\sin\frac{C}{2}+1
\end{aligned}
$$

cos 積和の証明（sin 積和と同様の手順）

$$
\begin{aligned}
&\cos 2A+\cos 2B+\cos 2C \\
&= 2\cos(A+B)\cos(A-B)+(2\cos^2 C-1) \\
&= -2\cos C\cos(A-B)+2\cos^2 C-1 \\
&= -2\cos C(\cos(A-B)-\cos C)-1 \\
&= -2\cos C(\cos(A-B)+\cos(A+B))-1 \\
&= -2\cos C\cdot 2\cos A\cos B-1 \\
&= -4\cos A\cos B\cos C-1
\end{aligned}
$$

一言コメント

対称性を崩さなくてすむ場合は対称性を保ったまま変形したいですが，1回対称性を崩す必要があることもあります。

52 三角形のフェルマー点の 3通りの証明 ☆☆☆☆

三角形のフェルマー点：最大角が 120° 未満の三角形 ABC において，フェルマー点 P は三角形の内部に存在して，

$$\angle APB = \angle BPC = \angle CPA = 120^\circ$$

フェルマー点とは

三角形 ABC において，3 頂点からの距離の和 $AP+BP+CP$ を最小にする点 P をフェルマー点といいます。距離の和を最小にするというのは工学的にも重要です。たとえば「3 軒の家に電線を使って電気を配給するときに，どこに電柱を立てれば電線の長さを短くできるか？」といった問題に応用できます。

この節ではフェルマー点が

$$\angle APB = \angle BPC = \angle CPA = 120^\circ$$

を満たす点であることを 3 通りの方法で証明します。

(1) 初等幾何を用いた有名な方法

(2) 楕円の性質を用いた方法

(3) トレミーの不等式（→ p.127, ㉚）を用いた方法

(2) では楕円の反射定理を，(3) ではトレミーの不等式を前提知識として用います。3 つともエレガントですが，個人的には (2) の方法がおすすめです。

初等幾何によるフェルマー点の証明

方針

線分の和を最小化する問題は多くの場合，線分和を同じ長さの折れ線に移して「折れ線は直線のときに最小になる」という性質を用いることで解決します。

証明　三角形内部の点 P と頂点 C を A を中心として反時計回りに $60°$ 回転させた点を Q, D とおく。三角形 APQ, ACD は頂角が $60°$ の二等辺三角形なので，正三角形となる。

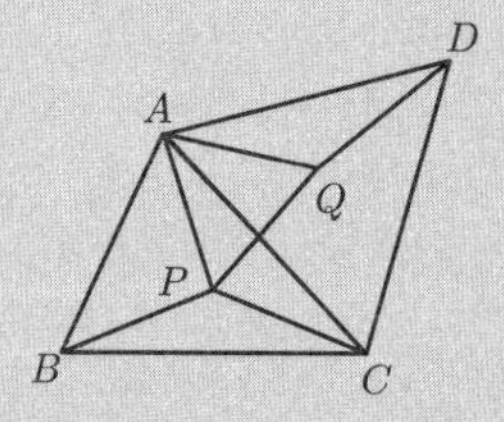

また，三角形 APC と AQD は2辺とその間の角がそれぞれ等しいので合同となり，$PC=QD$。よって，

$$AP+BP+CP=BP+PQ+QD \geqq BD$$

等号が成立するのは B, P, Q, D がこの順に1直線上にあるときで，

$$\angle APB=180°-\angle APQ=120°$$

$$\angle APC=\angle AQD=180°-\angle AQP=120°$$

注意 最大角が $120°$ より大きい不格好な三角形では，上記の不等式は正しいですが，等号を成立させる P, Q は存在しません。

楕円の性質を用いたフェルマー点の証明

楕円の性質についての数学 III の知識を使います。以下では最大角が 120° 以下の場合のみ考えます。

方針

線分の和が一定となる軌跡は楕円です。楕円の性質をうまく用いるとフェルマー点が簡単に導けます。前提知識として楕円の反射定理が必要になります。

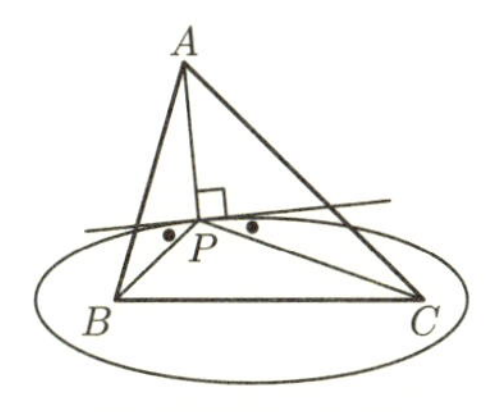

証明 $BP+CP$ が一定となる点 P の軌跡は B,C を焦点とする楕円 E。
よって，$BP+CP$ が一定のもとで $AP+BP+CP$ が最小になるのは，P における E の接線と AP が直交するとき。
このとき，楕円の反射定理より，$\angle BPA=\angle CPA$ となる。
同様にして，P がフェルマー点となるならば，$\angle CPA=\angle APB=\angle BPC$ がわかる（→注意）。

注意 厳密には，フェルマー点が三角形の内部に存在することを証明する必要があります。

楕円の性質をきちんと理解していればこの証明が一番簡潔でわかりやすいと思います。「焦点から光線を打つと壁に反射して反対側の焦点に到達する」という楕円の性質を利用しています。

トレミーの不等式を用いたフェルマー点の証明

方針

以下のトレミーの不等式（→ p.127, ㉚）を用います。
平面上の任意の 4 点 A, B, C, D に対して，

$$AB \times CD + AD \times BC \geqq AC \times BD$$

等号成立条件は，A, B, C, D がこの順に円周上にあるとき。

証明　直線 BC に関して A と反対側に，三角形 BCD が正三角形となるように点 D をとる。

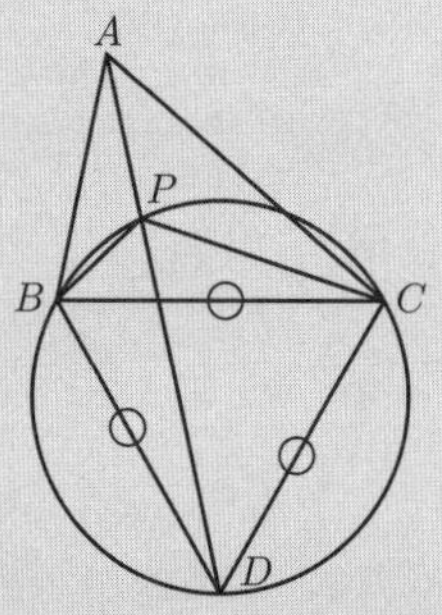

4 点 B, P, C, D に対してトレミーの不等式を使うと，$BP + CP \geqq PD$ となり，

$$AP + BP + CP \geqq AP + PD \geqq AD$$

等号が成立するのは，B, P, C, D がこの順に同一円周上にあり，A, P, D がこの順に一直線上にあるとき。このとき，

$$\angle APB = 180° - \angle BPD = 180° - \angle BCD = 120°$$

同様にして

$$\angle APC = 120°$$

も示せる。

一言コメント

自分が中学生のときに一番好きな定理でした。同じクラスの友達にフェルマー点の美しさを熱く語っていたことを思い出します。

テント写像とその性質（東大入試の背景）☆☆☆

テント写像：a を正のパラメータとして，

$$f(x)=a\min(x,1-x) \qquad (0\leqq x\leqq 1)$$

で表される関数（写像）をテント写像と言う。

ただし，$\min(x,y)$ は x と y のうち小さい方の値を表します。東大入試（後期）のテーマにもなった $a=2$ の場合のテント写像について考察します。

テント写像の形

今回考える関数は，$[0,1]$ 上で定義された以下のような関数です。

$$f(x)=\begin{cases} 2x & \left(0\leqq x\leqq \dfrac{1}{2}\right) \\ 2(1-x) & \left(\dfrac{1}{2}<x\leqq 1\right) \end{cases}$$

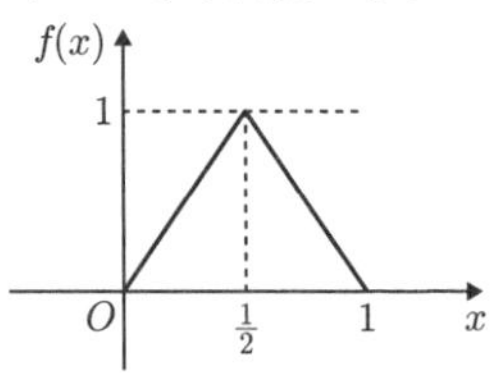

グラフは右図のようになります。この形がテントっぽいのでテント写像と言います。

テント写像の合成

次に $y=f(f(x))$ のグラフについて考えてみます。

$0\leqq x\leqq \dfrac{1}{2}$ の範囲で $f(x)$ の値は x の値に比例して 0 から 1 まで増加

します。よって，$f(f(x))$ の値は $0 \leqq x \leqq \frac{1}{4}$ では増加してそこから減少します。$\frac{1}{2} \leqq x \leqq 1$ についても同様に考えることで $y=f(f(x))$ のグラフは下図左のようになることがわかります。

同様に，$y=f(f(f(x)))$ のグラフはテントが 4 つあるようなグラフになります（下図右）。

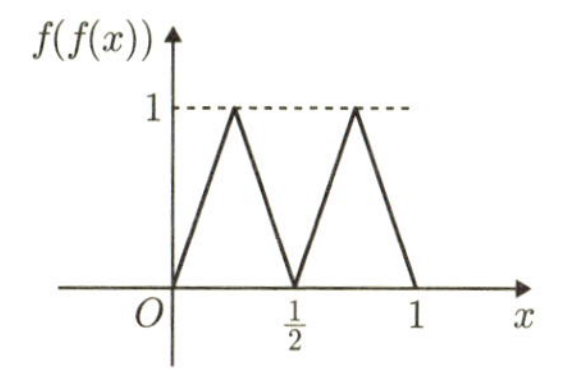

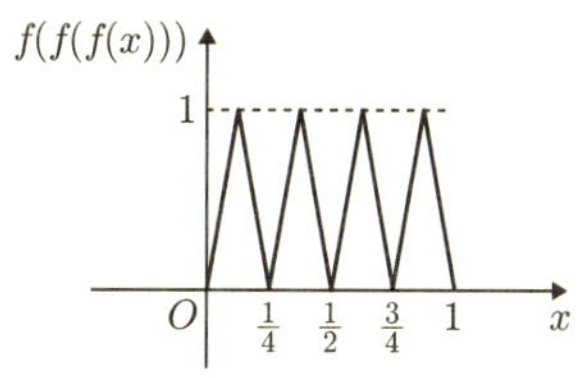

さらに一般に，$f(x)$ を n 回合成した関数 $y=f^n(x)$ はテントが 2^{n-1} 個あるようなグラフになります。このように，$y=f(x)$ のグラフから合成関数 $y=f^n(x)$ のグラフをイメージするというのは重要な考え方です。

初期値鋭敏性

先ほど見たように $y=f^n(x)$ は激しくギザギザしています（2^{n-1} 個の山がある）。そのため，$f^n(x)$ の値は x を少し変えただけでも大きく変わってしまいます。このような性質を初期値鋭敏性と言います。

初期値鋭敏性はカオス力学系と呼ばれるものの 1 つの性質（定義）です。「カオス」という数学の分野があるくらい深い話題です。

周期点

関数 $y=f(x)$ を何回か作用させると元に戻ってくる点を周期点と言います。周期点の集合は，全ての正の整数 n に対する $x=f^n(x)$ の解（固定点，不動点）を集めたものとみなすことができます。

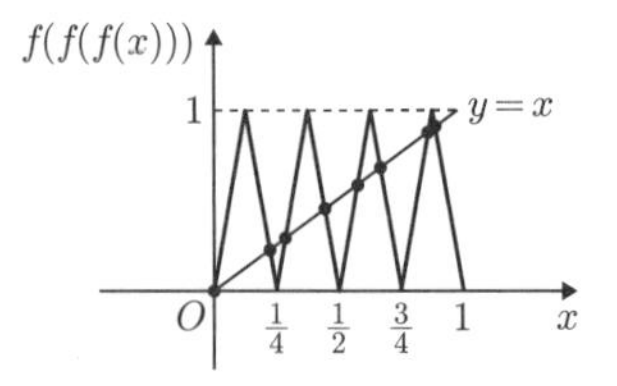

そこで $x=f^n(x)$ について考えてみます。これは $y=f^n(x)$ と $y=x$ の交点に対応するので，先ほど書いたグラフより全部で 2^n 個あることがわかります。よって，周期点が無限個あることもわかります。

東大の問題との関連

2002年・東京大学入試問題の後期第3問はテント写像を題材とした問題でした。小問 (5) までありますが，ここでは (1),(2) のみ紹介します。

問題：区間 $[0,1]$ 上で定義された関数 $f(x)$ を

$$f(x)=\begin{cases} 2x & \left(0\leqq x\leqq \dfrac{1}{2}\right) \\ 2(1-x) & \left(\dfrac{1}{2}<x\leqq 1\right) \end{cases}$$

とおく。$0\leqq a_1\leqq 1$ を満たす実数 a_1 を初期値として数列 a_n を $a_n=f(a_{n-1})$ で定める。

(1) $f(b)=b$ を満たす，$0\leqq b\leqq 1$ なる実数 b を全て求めよ。

(2) a_4 が (1) で求めた b の値の1つに等しくなるような初期値 a_1 を全て求めよ。

解答：

(1) 冒頭で描いた $y=f(x)$ のグラフと $y=x$ のグラフの交点を求めればよい。交点は2つあり，$b=0,\dfrac{2}{3}$

(2) $f(f(f(a_1)))=0$ または $f(f(f(a_1)))=\dfrac{2}{3}$ となるような a_1 を求めればよい。先ほど描いた $y=f(f(f(x)))$ のグラフと $y=0$ の

交点，および $y=f(f(f(x)))$ のグラフと $y=\dfrac{2}{3}$ の交点を求めると，$a_1=\dfrac{k}{12}\,(k=0,1,\cdots,12)$ となる。

一言コメント

グラフの形から名前がつけられた関数としては，カージオイド（心臓形），アステロイド（星芒形）なども有名です。

54 カルダノの公式と例題☆☆☆

3次方程式の解の公式であるカルダノの公式を紹介します。入試で出題される3次方程式は99.9％因数分解できます。しかし，因数分解できないタイプの問題が誘導付きで出題される可能性も0ではないので，どんな3次方程式でも解ける万能なカルダノの公式を知っておいても損はありません。単純に雑学としても非常におもしろいです。

まず一般的な場合について，カルダノの公式を3ステップに分けて解説します。その後具体的に3次方程式を解いてみます。一般的な場合でよくわからない方は具体例をご覧ください。

Step1：3次方程式の立体完成

目標は一般の3次方程式 $ax^3+bx^2+cx+d=0$ を解くことですが，定数倍と平行移動の自由度をうまく利用することでより簡単な式に変換します。

まず両辺を a で割ると，$x^3+Ax^2+Bx+C=0$ という形になります。さらに，平行移動を行うことで $X^3+pX+q=0$ という形になります（具体的には $X=x+\dfrac{A}{3}$ を新たな変数とします）。この平行移動の操作を立体完成といいます。

注意 2次方程式の1次の係数を消す操作→平方完成，に対応する概念です。立方完成とも呼びます。平方完成に対応するものとしては「立方完成」という名の方がふさわしいかもしれません。

Step2：カルダノの公式の核心

目標は $X^3+pX+q=0$ という3次方程式を解くことです。$X=u+v$

とおき，変数を 1 つ増やします。これがこの方法の一番の特徴です：

$$(u+v)^3+p(u+v)+q=0$$

つまり，

$$u^3+v^3+q+(3uv+p)(u+v)=0$$

よって，

$$u^3+v^3+q=0,\ 3uv=-p \qquad \cdots\cdots(*)$$

を満たす u, v を見つければ，そこから x が求まります。

Step3：変数を順々に求めていく

導いた u, v の連立方程式を解く→ X を求める→ x を求める，という流れです。$(*)$ の 2 つ目の式から v を消去して 1 つ目の式に代入すると，u^3 についての 2 次方程式を得ます：

$$u^3+\left(-\frac{p}{3u}\right)^3+q=0$$

$$u^6+qu^3-\frac{p^3}{27}=0$$

よって，2 次方程式の解の公式（→ p.14, ⓪①）より，

$$u^3=\frac{-q\pm\sqrt{q^2+\frac{4p^3}{27}}}{2}=-\frac{q}{2}\pm\sqrt{\frac{q^2}{4}+\frac{p^3}{27}}$$

ここで，もともとの u, v の連立方程式は u と v に関して対称なので，v^3 も同じ式で求まります。そして，u がプラスの方の符号の解で v がマイナスの方の符号の解としても一般性を失いません（u がマイナス側，v がプラス側としても連立方程式の解になるが，$u+v$ の値は同じ）：

$$u^3=-\frac{q}{2}+\sqrt{\frac{q^2}{4}+\frac{p^3}{27}}$$

ここで，3乗根をとる際に注意が必要です。3乗して a になる数は一般に3つあります。そのうちの1つを b とすると，残りは $b\omega, b\omega^2$ $\left(\text{ただし，} \omega = \dfrac{-1+\sqrt{3}i}{2}\right)$ となります（これは a が実数でも虚数でも成立します）。よって，u が3通り求まります。

そこから (∗) によって対応する v が求まり，$X=u+v$ が求まり，$x = X - \dfrac{A}{3}$ が求まるというわけです。

3次方程式の具体例

例題：$x^3+3x^2+x+1=0$

解答：

- 立体完成する

  $(x+1)^3-2(x+1)+2=0$ より，$X=x+1$ と置くと，

  $X^3-2X+2=0$

- u, v についての連立方程式を導く

  複素数 u, v を用いて $X=u+v$ とおく。このとき223ページの (∗) に対応する式は：

$$u^3+v^3+2=0$$

$$3uv=2$$

- u, v を求める

  第2式から v を消去して第1式に代入すると，$u^6+2u^3+\dfrac{8}{27}=0$

  u^3 について解くと，$u^3=-1\pm\sqrt{\dfrac{19}{27}}$

  u, v の対称性より u がプラスの符号を採用する。

  この3乗根をとると u が3つ求まる。

  そして，もとの連立方程式に代入して対応する v を求める：

$$(u,v)=\left(\sqrt[3]{-1+\sqrt{\frac{19}{27}}},\sqrt[3]{-1-\sqrt{\frac{19}{27}}}\right),$$
$$\left(\omega\sqrt[3]{-1+\sqrt{\frac{19}{27}}},\omega^2\sqrt[3]{-1-\sqrt{\frac{19}{27}}}\right),$$
$$\left(\omega^2\sqrt[3]{-1+\sqrt{\frac{19}{27}}},\omega\sqrt[3]{-1-\sqrt{\frac{19}{27}}}\right)$$

- $x=u+v-1$ が求まる

$$x=\sqrt[3]{-1+\sqrt{\frac{19}{27}}}+\sqrt[3]{-1-\sqrt{\frac{19}{27}}}-1,$$
$$\omega\sqrt[3]{-1+\sqrt{\frac{19}{27}}}+\omega^2\sqrt[3]{-1-\sqrt{\frac{19}{27}}}-1,$$
$$\omega^2\sqrt[3]{-1+\sqrt{\frac{19}{27}}}+\omega\sqrt[3]{-1-\sqrt{\frac{19}{27}}}-1$$

一言コメント

3 次方程式の解の公式を 1 つにまとめる（$ax^3+bx^2+cx+d=0$ の解を a,b,c,d で表す）ととんでもなく長い式になります。4 次方程式の解の公式はさらに複雑になります。そして 5 次以上の方程式には，解の公式が存在しないことが証明されています。

フェルマー数とその性質☆☆☆☆

フェルマー数：非負の整数 n を用いて $F_n=2^{2^n}+1$ と表される整数をフェルマー数と呼ぶ。

フェルマー数にはさまざまな性質があります。この節では特に重要な性質を3つ紹介します。まずは雰囲気をつかむために，実際にフェルマー数を並べてみます。

$$
\begin{aligned}
&F_0=3,\\
&F_1=5,\\
&F_2=17,\\
&F_3=257,\\
&F_4=65537,\\
&F_5=4294967297=641\times 6700417
\end{aligned}
$$

フェルマー数が満たす漸化式

性質1：
$$F_n=\prod_{i=0}^{n-1}F_i+2$$

フェルマー数に現れる 2^{2^n} がいかにも因数分解してほしそうな形をしているので，$a^2-b^2=(a-b)(a+b)$ をくり返し用いて因数分解してやると漸化式が導出できます。

性質 1 の証明　フェルマー数の定義より，

$$\begin{aligned} F_n - 2 &= 2^{2^n} - 1 \\ &= (2^{2^{n-1}} - 1)F_{n-1} \\ &= (2^{2^{n-2}} - 1)F_{n-2}F_{n-1} \\ &\cdots \\ &= \prod_{i=0}^{n-1} F_i \end{aligned}$$

より，性質 1 が示された。

 フェルマー数が互いに素であることの証明

性質 2：フェルマー数どうしは互いに素

性質 1 を用いれば簡単に証明できます。

性質 2 の証明　背理法で証明する。
2 つのフェルマー数 $F_m, F_n (m < n)$ が共通因数 p を持つと仮定すると，性質 1 より

$$2 = F_n - \prod_{i=0}^{n-1} F_i$$

も p の倍数となり，$p = 2$ となる。
しかし，フェルマー数は全て奇数なので矛盾。

ちなみに，性質 2 と全てのフェルマー数が素因数を最低 1 つは含んでいることから，素数が無限にあることが証明されました。素数が無限に

あることの証明はたくさん発見されています（→ p.147, ㉟）が，フェルマー数を用いたこの方法はポリア (Polya) によって発見されました。

ちなみに，フェルマー数 F_0 から F_4 までは素数で F_5 は合成数なので，フェルマー数は素数も合成数も含んでいます。しかし，「フェルマー数は無限に多くの素数を含んでいる」のか，「フェルマー数は無限に多くの合成数を含んでいる」のか，いずれも証明されておらず未解決問題です。

二重指数的に増える

性質 3：フェルマー数はものすごい勢いで大きくなる

最初に実験したように F_5 でもかなり大きな数になっています。

$f(x)=a^{b^x}$ の形の関数を二重指数関数と呼び，指数関数よりも発散のスピードが速い関数として知られています。フェルマー数（を定める関数）は二重指数関数です。一般的に，多項式より指数関数の方が圧倒的に大きくなる（発散する）スピードが速いのですが，二重指数関数は指数関数よりも発散のスピードが速いのです。

ちなみに，二重指数関数は実際に工学的にも応用があります（数値積分の計算スピードを上げる）。三重指数関数なども理論的には考えられますが，実際に使われている場面を見たことがありません。

一言コメント

積の記号 $\prod$ は大文字のパイ（ギリシャ文字）です。高校数学では習いませんが，$\sum$ と同様に，使うと表記が簡潔になる場面はけっこうあります。

カタラン数の意味と漸化式

☆☆☆☆

カタラン数：

$$c_n = \frac{1}{n+1}\binom{2n}{n} = \binom{2n}{n} - \binom{2n}{n-1}$$

で定義されるカタラン数は，場合の数の問題で頻繁に登場する。

なお，二項係数 ${}_n\mathrm{C}_r$ を $\binom{n}{r}$ と表記しています（カタラン数も c を使うため混同するのを防ぐためです）。ちなみに，大学以降では ${}_n\mathrm{C}_r$ よりも $\binom{n}{r}$ を使うことの方が多いです。

$$\frac{1}{n+1}\binom{2n}{n} = \binom{2n}{n} - \binom{2n}{n-1}$$

は二項係数の定義と簡単な計算で示すことができます（→補足）。

補足

$$\begin{aligned}\binom{2n}{n} - \binom{2n}{n-1} &= \frac{(2n)!}{n!n!} - \frac{(2n)!}{(n-1)!(n+1)!} \\ &= \frac{(2n)!}{n!(n+1)!}\cdot(n+1-n) \\ &= \frac{1}{n+1}\frac{(2n)!}{n!n!} \\ &= \frac{1}{n+1}\binom{2n}{n}\end{aligned}$$

カタラン数の意味

カタラン数は，漸化式

$$c_0 = 1, c_{n+1} = \sum_{i=0}^{n} c_i c_{n-i}$$

を満たす数列です。なお，この漸化式の解がカタラン数であることの導出はかなり大変なので割愛します（たとえば，数列の母関数を使った方法があります）。

カタラン数は，この特殊な漸化式の解に過ぎません。しかし，この漸化式が場合の数のさまざまな問題で出現するため，カタラン数はいろいろなところで顔を出すというわけです。

カタラン数そのものに組み合わせの意味を結びつけてしまうと，さまざまな組み合わせの問題を統一的に観ることが難しくなります。たとえば「$n+2$ 角形の三角形分割の数がカタラン数だ！」と覚えてしまうとトーナメントの問題とカタラン数の関係がわかりにくくなります。組み合わせによる意味付けはあくまで性質であって，カタラン数の本質的な意味は，組み合わせ問題で頻繁に出現する漸化式の解と理解しておくのがよいと思います。

カタラン数と同様な例としてフィボナッチ数が挙げられます。フィボナッチ数列は「$a_0 = 0, a_1 = 1, a_n = a_{n-1} + a_{n-2}$ の解であり，いろいろな問題に登場する」と理解しておきましょう。

以下では，カタラン数が満たす漸化式が出現する例を3つ紹介します。

トーナメントとカタラン数

トーナメントとカタラン数：$n+1$ チームによる交差のないトーナメント表の書き方の総数 c_n はカタラン数である（チームは区別せ

ずトーナメント表の形のみを考える)。

証明 場合分けを用いて c_{n+1} を数える。
$n+2$ チームでトーナメントをするとき，決勝に左側から上がってくる集団が $i+1$ チームの場合，右側は $n-i+1$ チーム。左側のトーナメント表の書き方は c_i 通りで，右側は c_{n-i} 通り。

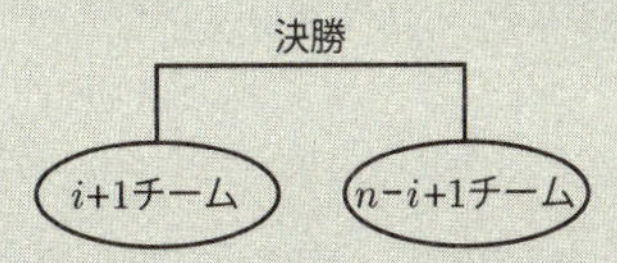

これ $(c_i c_{n-i})$ を $i=0$ から n までたし合わせると，カタラン数の漸化式を得る。

 最短経路とカタラン数

最短経路とカタラン数：縦横 n マスの格子において，左下から右上まで対角線をまたがずに行く（踏むのは OK）最短経路の数 c_n はカタラン数である。

証明 場合分けを用いて c_{n+1} を数える。

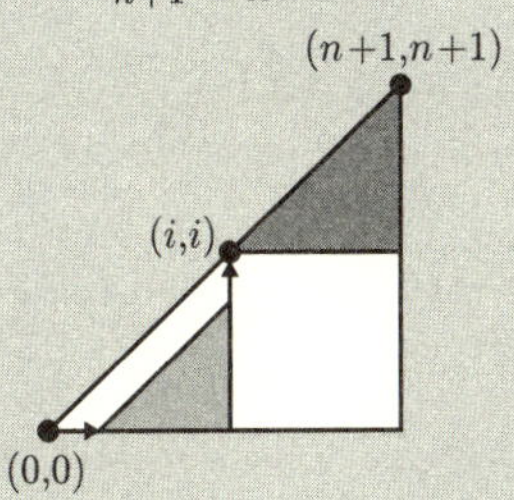

左下の点 $(0,0)$ からスタートして対角線をはじめて (i,i) で踏み，

$(n+1, n+1)$ まで到着する場合の数は，$c_{i-1}c_{n+1-i}$ 通り。これを $i=1$ から $n+1$ までたし合わせると，カタラン数の漸化式を得る。

三角形分割とカタラン数

三角形分割とカタラン数：凸 $n+2$ 角形に対角線を $n-1$ 本引いて三角形に分割する方法の数 c_n はカタラン数である。

証明　場合分けを用いて c_{n+1} を数える。

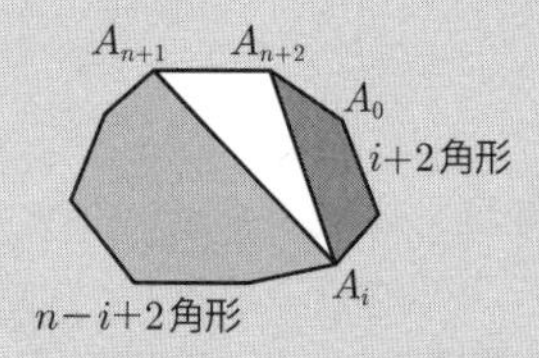

$n+3$ 角形の頂点を順番に $A_0, A_1, \cdots, A_{n+2}$ とする。
A_{n+1} と A_i が対角線で結ばれるような最小の i で場合分けする。
それぞれの i について，c_ic_{n-i} 通りであり，これを $i=0$ から $n-1$ までたし合わせる：$\displaystyle\sum_{i=0}^{n-1} c_ic_{n-i}$
また，A_{n+1} から対角線が出ていない場合の数は $n+2$ 角形分割の数。すなわち c_n 通り。
以上2つをたし合わせて，カタラン数の漸化式を得る。

一言コメント

整数列は眺めていて飽きないですね。カタラン数，フィボナッチ数，素数の列などあらゆる整数列を集めた「オンライン整数列大辞典」というデータベース（Web サイト）がおもしろいです。

ポリアの壺にまつわる確率とその証明☆☆☆

ポリアの壺：壺に赤玉が a 個，白球が b 個入っている。その中から玉を１つ無作為に取り出し，選んだ玉を壺に戻した上で選んだ玉と同じ色の玉を１つ壺に加える。この試行を n 回くり返す。n 回目に赤玉が選ばれる確率は

$$p_n = \frac{a}{a+b}$$

確率の有名問題です。ポリアの壺にまつわる問題は京大など難関大でときどき出題されています。p_n が n に依存しないというのが驚きですね。

 ポリアの壺の意味

ポリアの壺では１回ごとに玉が１つずつ増えていきます。たとえば $a=1, b=1$ で１回目に赤玉を選ぶと，２回目の試行の際には壺に赤玉が２個，白玉が１個あることになります。

玉を選ぶタイプの問題の多くは，

1：「選んだ玉は元に戻さない」

2：「選んだ玉を元に戻す」

という条件の元で考えますが，

3：「選んだ玉を戻してさらに同じ色を追加する」

という奇妙な条件を課した確率モデルをポリアの壺と言います。

1では「過去に選んだ色は選びにくくなる」

2では「過去に何を選んだかは未来の試行には関係ない」

3では「過去に選んだ色はよりいっそう選びやすくなる」

という対応関係になっています。このように並べてみると，ポリアの壺という確率モデルを考えるのも有用な気がしてきます。

ポリアの壺の確率の証明

冒頭の主張：$p_n=\dfrac{a}{a+b}$ を証明します。

方針

漸化式を立てる→帰納法という方針でいきます。$k+1$ のときを考えるときに「k 回＋1回」と考えてもうまくいきません。「1回＋ k 回」と考えるとうまくいきます。これは $n=1,2,3$ くらいまで実験すれば気づきやすいでしょう。

証明　$n=1$ のときは自明。
$n=k$ のときに $p_k=\dfrac{a}{a+b}$ と仮定する。
以下 $k+1$ 回目に赤玉が出る確率 p_{k+1} を求める。

- **1回目に赤玉が出る場合**
  そのような確率は $\dfrac{a}{a+b}$ である。
  そして，$a+1$ 個の赤玉と b 個の白玉となり，残り k 回の試行をするので，$k+1$ 回目に赤玉が出る確率は
  $$\frac{a}{a+b}\times\frac{a+1}{a+1+b}$$
- **1回目に白玉が出る場合**
  そのような確率は $\dfrac{b}{a+b}$ である。
  そして，a 個の赤玉と $b+1$ 個の白玉となり，残り k 回の試行をするので，$k+1$ 回目に赤玉が出る確率は
  $$\frac{b}{a+b}\times\frac{a}{a+1+b}$$

よって，以上2つをたし合わせると，

$$p_{k+1}=\frac{a}{a+b}$$

となり，数学的帰納法により証明完了。

 ポリアの壺の2つの一般化

ポリアの壺の一般化1：上記では毎回加える玉が1個でしたが，選んだ玉と同じ色の玉を一気に m 個加えることにします。つまり，n 回試行すると mn 個玉が増えます。

ポリアの壺の一般化2：上記では赤玉と白玉の2種類でしたが，玉の色が c 種類の場合を考えます。最初，壺には色 i の玉が a_i 個入っているとします $(i=1,2,\cdots,c)$。

これら2つの一般化を行ったときでも，先ほどと同様な確率の美しい性質が証明できます。つまり，n 回目の試行で色 i が選ばれる確率は

$$p_n(i)=\frac{a_i}{\displaystyle\sum_{i=1}^{c}a_i}$$

となります（m にも n にも依存しない）。$c=2, a_1=a, a_2=b$ とすると冒頭の $\dfrac{a}{a+b}$ と一致するので，一般化になっていることがわかります。証明は先ほどとほとんど同様にして，漸化式＋帰納法でできます。

一言コメント

いろんな問題に対して「一般化したらどうなるのか？　どのように一般化するのが自然なのか？」という疑問を持つのは非常に重要です。

58 全射の個数の証明とベル数 ☆☆☆

全射の個数：n 人を区別のある（ちょうど）k 個のチームに分ける場合の数は，

$$\sum_{i=1}^{k}(-1)^{k-i}{}_k\mathrm{C}_i i^n$$

全射とは大雑把に言うと「行き先を全て埋め尽くすような写像（関数）」のことです。人間を入力，チーム名を出力とする関数を考えると，全射→全てのチームを埋め尽くす→全てのチームに少なくとも1人は属するように分ける，という意味になります。

$k=2,3$ の問題は大学入試として適度な難易度です。この公式を覚える必要はありませんが，おもしろいので導出はぜひ理解してください。

全射の個数の例

もちろん人間は区別します。つまり，今回は「区別するもの」を「区別するグループ」に分ける場合の数の問題です。まず，具体例として $n=10$，$k=3$ の場合をやってみます。

問題：10人をチームA，チームK，チームBに分ける場合の数を求めよ。ただし，各チーム最低1人はメンバーが属するものとする。

解答：

(1) 10人を3チーム以下に分ける場合の数は，3^{10} 通り。

(2) そのうち，「チームAに誰も属さない」or「チームKに誰も属さない」or「チームBに誰も属さない」場合の数を除けばよい。

(2) についてはベン図を描けばわかりやすい。

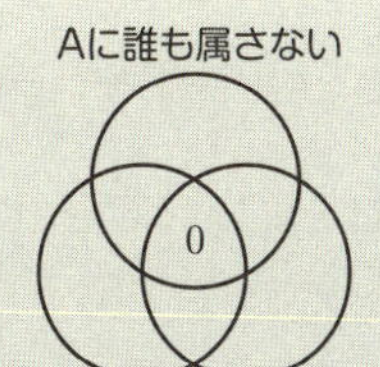

A に誰も属さない場合の数は 2^{10} 通り，A にも B にも誰も属さない場合の数は 1^{10} 通り，全てのグループに誰も属さない場合の数は 0 通りである。
よって，(2) の場合の数は，$3\cdot 2^{10}-3\cdot 1^{10}+0$ とわかる。
よって，求める場合の数は，$3^{10}-3\cdot 2^{10}+3\cdot 1^{10}=55980$ 通り。

全射の個数の証明（一般の場合）

上記の議論を一般化すると冒頭の公式が証明できます。ただし，チームの数が 4 つ以上の場合はベン図を描くことができないので，難易度が上がります。

この場合は包除原理を用います。包除原理とは，
$|A_1\cup A_2|=|A_1|+|A_2|-|A_1\cap A_2|$,
$|A_1\cup A_2\cup A_3|$
$=|A_1|+|A_2|+|A_3|-|A_1\cap A_2|-|A_2\cap A_3|-|A_3\cap A_1|+|A_1\cap A_2\cap A_3|$
という式を n 個の集合に拡張した等式のことです。$A_1, A_2, \cdots, A_n$ が「対称」なとき，

$$|A_1\cup A_2\cup\cdots\cup A_n|=\sum_{k=1}^{n}(-1)^{k-1}{}_n\mathrm{C}_k|A_1\cap\cdots\cap A_k|$$

という式になります。今回は A_i を「チーム i に誰も属さないようなチーム分け」として包除原理を使います。

証明　n 人を k チーム以下に分ける場合の数は k^n 通り。
このうち，いずれかのチームに誰も属さないような場合の数を除けばよい。これは包除原理より，

$${}_k\mathrm{C}_1(k-1)^n - {}_k\mathrm{C}_2(k-2)^n + \cdots + (-1)^{k-2}{}_k\mathrm{C}_{k-1}1^n$$

となる。これを後ろからたし合わせる：

$$\sum_{i=1}^{k-1}(-1)^{k-i-1}{}_k\mathrm{C}_{k-i}i^n = \sum_{i=1}^{k-1}(-1)^{k-i-1}{}_k\mathrm{C}_i i^n$$

よって，求める場合の数は，

$$k^n - \sum_{i=1}^{k-1}(-1)^{k-i-1}{}_k\mathrm{C}_i i^n = \sum_{i=1}^{k}(-1)^{k-i}{}_k\mathrm{C}_i i^n$$

スターリング数を求める

n 人を区別のないちょうど k 個のグループに分ける方法の数をスターリング数といい，$S(n,k)$ などと書きます。全射の個数の公式を用いることで，スターリング数をシグマと二項係数で表すことができます！

定義により，「区別のない場合」のスターリング数は「区別のある場合」の全射の個数の公式を $k!$ で割ったものなので，

$$S(n,k) = \frac{1}{k!}\sum_{i=1}^{k}(-1)^{k-i}{}_k\mathrm{C}_i i^n$$

となります。

ベル数を求める

n 人を区別のない k 個以下のグループに分ける方法の数をベル数といい，$B(n,k)$ などと書きます。スターリング数の公式を用いることで，ベ

ル数をシグマと二項係数で表すことができます！

定義により $B(n,k)=S(n,1)+S(n,2)+\cdots+S(n,k)$ なので,

$$B(n,k)=\sum_{j=1}^{k}S(n,j)=\sum_{j=1}^{k}\frac{1}{j!}\sum_{i=1}^{j}(-1)^{j-i}{}_j\mathrm{C}_i i^n$$

一言コメント

なじみのない数学用語に出会うと敬遠してしまいがちですが，実はそんなに大したことを言っていないことも多いです。たとえば「写像」という用語は「関数」という用語とほぼ同じ意味で使われます。

球面上の三角形の面積と内角の和

☆☆☆☆☆

球面上の三角形の面積と内角の和：半径が R の球面上に内角の大きさが A, B, C であるような三角形があるとき，この三角形の面積は，

$$S = R^2(A + B + C - \pi)$$

である。また，球面上の三角形の内角の和は π（180°）より大きい。

曲面上で図形を扱うには新しい考え方が必要になります。なお，この節では角度の大きさは弧度法ではかります。

 球面上の直線とは

「球面上の三角形」を扱うために，まずは球面上で線分に対応するものを考えます。平面上では2点間を結ぶ最短の長さの曲線を線分と言いました。同様に，曲面上で2点間を結ぶ最短の長さの曲線を測地線と言います。球面上に2点を選んだとき，その2点を結ぶ最短の長さの曲線は大円（円の中心が球の中心と一致するようなもの）の短い方の弧（劣弧）であることが知られています。

ちなみに，球面の測地線が大円であることの厳密な証明はかなり難しいです（糸をピンと張るとたしかに大円の劣弧になりそうですが）。

球面上の三角形，角度とは

球面上で線分のようなものが定義できたので，三角形を考えることができます。

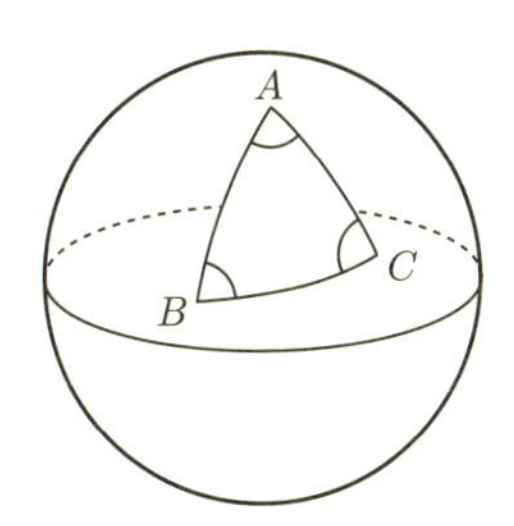

平面上で三角形とは,(同一直線上にない)3点を選んでそれぞれを線分で結んだものでした。同様に球面上の三角形も,(同一大円上にない)3点を選んでそれぞれを大円の劣弧で結んだものとします。

次に角度についてです。大円どうしの交点の角度を「その交点におけるそれぞれの接線のなす角度」で定義します。

これで球面上でも三角形の内角の大きさが定義できました。以上で準備は完了です。

球面上の三角形の面積公式の証明

冒頭で述べた球面三角形の面積公式を証明します。

まず2つの大円のなす角がAである状況を考えます。2つの大円によって球面は4つに分割されます。角Aが属する領域の面積S_AはAに比例し,$A=\pi$のとき半球の面積$=2\pi R^2$となるので,

$$S_A=2\pi R^2\times\frac{A}{\pi}=2AR^2$$

です。

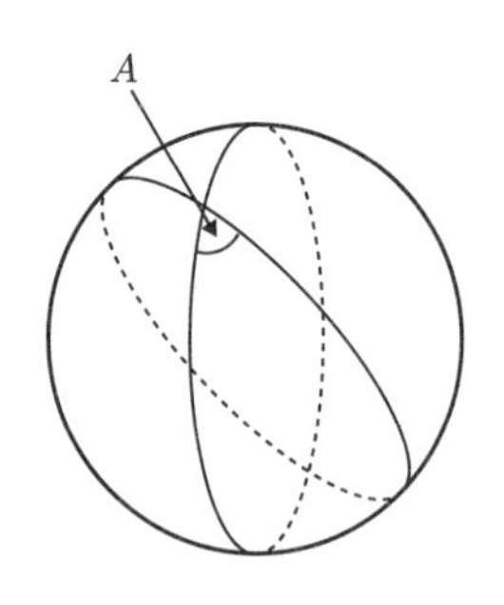

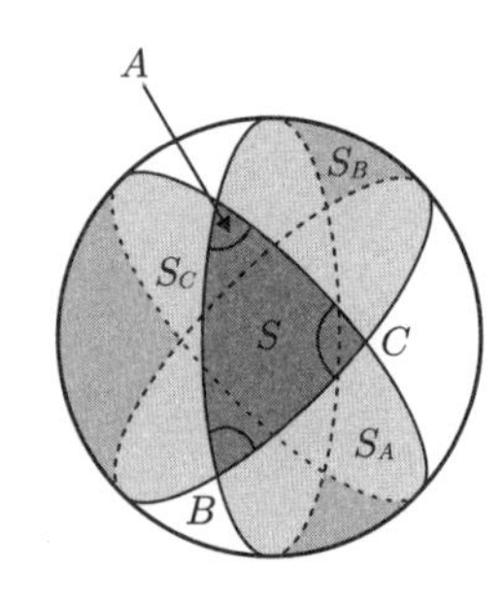

また，上の右図より

$$(S_A - S) + (S_B - S) + (S_C - S) + S = S_A + S_B + S_C - 2S$$

の2倍が球面の面積なので（3枚葉の花びらっぽい図形2枚で球面全体を覆う感じ），

$$(S_A + S_B + S_C - 2S) \times 2 = 4\pi R^2$$

が成立します。これを S について解くと，

$$S = \frac{1}{2}(S_A + S_B + S_C) - \pi R^2 = R^2(A + B + C - \pi)$$

を得ます。

また，任意の三角形に対して面積 $S > 0$ なので

$$A + B + C > \pi$$

が成立します！

具体例

上記の公式を味わってみましょう。

原点を中心とする半径 R の球面上に3点 $(R, 0, 0)$, $(0, R, 0)$, $(0, 0, R)$ をとります。球面上でこれら3点のなす三角形の内角は全て直角です。

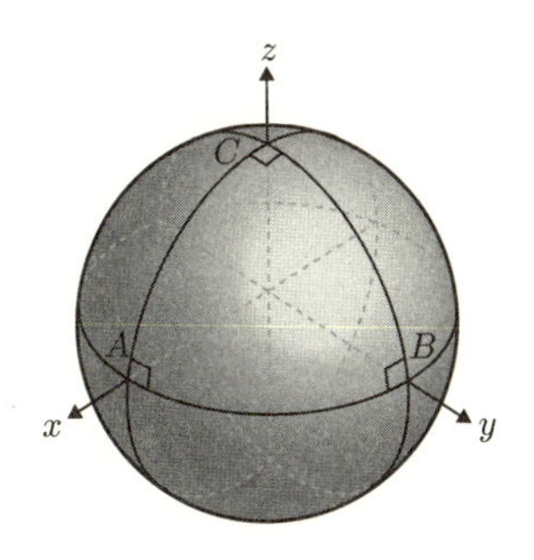

また，面積は球の表面積の $\dfrac{1}{8}$ 倍なので $\dfrac{1}{2}\pi R^2$ です。実際，

$$\frac{1}{2}\pi R^2 = R^2\left(\frac{\pi}{2}+\frac{\pi}{2}+\frac{\pi}{2}-\pi\right)$$

となり，三角形の面積公式が成立しています！

一言コメント

地球は非常に大きいので多くの場合「平面」とみなしても問題ありませんが，飛行機の経路などスケールの大きな問題を考えるときには「球面」であることを考慮する必要があります。

フランク=モーリーの定理とその証明☆☆☆☆☆

フランク=モーリーの定理：任意の三角形 ABC に対して，3つの角の三等分線どうしが最初にぶつかる点を P, Q, R とおくとき，三角形 PQR は正三角形である。

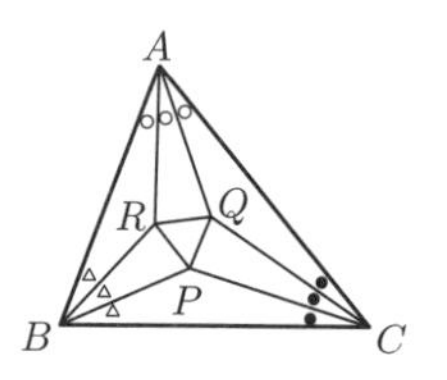

ステートメントも単純で非常に美しい定理です。この定理の証明からは多くのことを学べます。証明を見る前にぜひトライしてみてください！

証明の道具

フランク=モーリーの定理の証明はいくつか知られていますが，まずはどの道具を使うか考えます。一般に図形の性質を証明する方法は大きく分けて3つあります：

- 初等幾何，図形的な性質のみを用いる方法
- 三角関数を用いてゴリゴリ計算する方法
- 座標またはベクトルを用いた解析幾何的な方法

一般的に座標やベクトルは直角以外の角度を扱うのが難しいのでフランク=モーリーの定理の証明には向いていません。そこで，この節では三角関数を用いてゴリゴリ計算する方法で証明していきます。ちなみに，図形的な性質（初等幾何）だけでフランク=モーリーの定理を証明する

方法もありますが，かなり難しいです。

 フランク=モーリーの定理の証明

方針

QR の長さを三角形 ABC の情報（角度，長さ）で表したときに，A, B, C に関して対称であることを示せれば $PQ=QR=RP$ が言えます。そこで，三角形 ARQ に余弦定理を使いたくなります。そのためには，AR, AQ を三角形 ABC の情報で表す必要があるので，まずは三角形 ARB に注目します。

また，辺の情報と角度の情報が混在していると複雑になるので，辺の情報は正弦定理で角度の情報に変換します（外接円の半径 R は A, B, C に関して対称なので扱いやすい）。

証明　三角形 ARB に正弦定理を用いて AR を三角形 ABC の情報で表す：

$$AR=\frac{c\sin\left(\frac{B}{3}\right)}{\sin\left(180^\circ-\frac{A}{3}-\frac{B}{3}\right)}$$

$$=\frac{c\sin\left(\frac{B}{3}\right)}{\sin\left(\frac{A+B}{3}\right)}$$

$$=2R\sin C\frac{\sin\left(\frac{B}{3}\right)}{\sin\left(\frac{180^\circ-C}{3}\right)}$$

ただし，最後の変形で三角形 ABC に関する正弦定理を用いた。

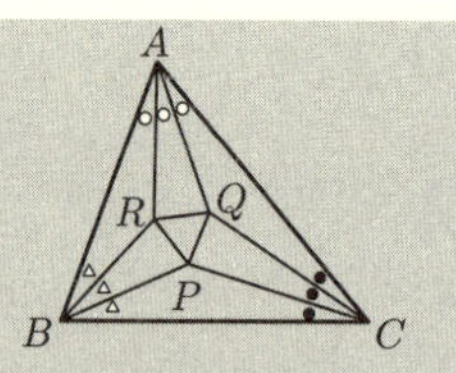

ここで，3倍角の公式を変形して得られる式（→補足）：

$$\sin C = 4\sin\frac{C}{3}\sin\left(\frac{180^\circ - C}{3}\right)\sin\left(\frac{180^\circ + C}{3}\right)$$

を用いると

$$AR = 8R\sin\frac{B}{3}\sin\frac{C}{3}\sin\left(\frac{180^\circ + C}{3}\right)$$

同様にして，

$$AQ = 8R\sin\frac{B}{3}\sin\frac{C}{3}\sin\left(\frac{180^\circ + B}{3}\right)$$

よって，三角形 ARQ に余弦定理を用いて RQ を求めると，

$$RQ^2 = 64R^2 X\sin^2\frac{B}{3}\sin^2\frac{C}{3}$$

ただし，

$$\begin{aligned} X = &\sin^2\left(\frac{180^\circ + B}{3}\right) + \sin^2\left(\frac{180^\circ + C}{3}\right) \\ &-2\sin\left(\frac{180^\circ + B}{3}\right)\sin\left(\frac{180^\circ + C}{3}\right)\cos\frac{A}{3} \end{aligned}$$

目標は RQ^2 が A, B, C に関して対称であることを示すこと。よって，

$$X = \sin^2\frac{A}{3}$$

であることを示せば十分。$\beta = \dfrac{180^\circ + B}{3}$，$\gamma = \dfrac{180^\circ + C}{3}$ とおくと

$$\frac{A}{3} = \frac{180^\circ - B - C}{3} = 180^\circ - \beta - \gamma$$

より，

$$X=\sin^2\beta+\sin^2\gamma+2\sin\beta\sin\gamma\cos(\beta+\gamma)$$

加法定理を使うと，

$$\begin{aligned}X&=\sin^2\beta+\sin^2\gamma+2\sin\beta\sin\gamma(\cos\beta\cos\gamma-\sin\beta\sin\gamma)\\&=\sin^2\beta\cos^2\gamma+\sin^2\gamma\cos^2\beta+2\sin\beta\sin\gamma\cos\beta\cos\gamma\end{aligned}$$

一方，$\sin^2\dfrac{A}{3}=\sin^2(\beta+\gamma)$ であり，こちらも加法定理を使うと

$$\sin^2\beta\cos^2\gamma+\sin^2\gamma\cos^2\beta+2\sin\beta\sin\gamma\cos\beta\cos\gamma$$

となる。

補足

$$\begin{aligned}\sin 3\theta&=-4\sin^3\theta+3\sin\theta\\&=\sin\theta(-4\sin^2\theta+3)\\&=\sin\theta(-\sin^2\theta+3\cos^2\theta)\\&=\sin\theta(\sqrt{3}\cos\theta+\sin\theta)(\sqrt{3}\cos\theta-\sin\theta)\\&=-4\sin\theta\sin(\theta+60^\circ)\sin(\theta-60^\circ)\\&=4\sin\theta\sin(60^\circ+\theta)\sin(60^\circ-\theta)\end{aligned}$$

一言コメント

できるだけ機械的な計算でできるような証明方法を紹介したつもりですが，それでも3倍角の公式を変形するなど，かなりの発想力が必要です。主張はシンプルなのに証明は非常に難しいというのがおもしろいです。

索引

数字／記号

あ

か

さ

た

な

は

ま

や

ら

わ

高校数学の美しい物語

2016年 1月20日 初版発行
2016年 2月15日 第2刷発行

著　者：マスオ
発行者：小川　淳
発行所：SBクリエイティブ株式会社
〒106-0032　東京都港区六本木2-4-5
営業　03(5549)1201
編集　03(5549)1234
印　刷：株式会社リーブルテック
装　丁：bookwall
図版作成：スタヂオ・ポップ

ISBN978-4-7973-8558-8